BIOLOGICAL
MYSTERY
SERIES
PRO

生命史図譜

群馬県立自然史博物館 監修

土屋 健 著

HISTORY OF LIFE

はじめに

　技術評論社の"古生物ミステリーシリーズ"は、2013年の『エディアカラ紀・カンブリア紀の生物』を皮切りに、2016年の『古第三紀・新第三紀・第四紀の生物 下巻』まで、計10巻を上梓してきました。本書は、その「別冊」という位置づけです。

　「別冊」とはいっても、「この1冊でも楽しめる」という仕様を目指しました。もちろん、シリーズを1冊でもおもちの方には、きっと「もっとお役に立てる」というつくりになっております。

　この本は、筆者を含めた制作陣が、ぜひともやってみたかった三つのことをベースに構成しています。

　まず一つ目は、「図譜パート」。ここでは、シリーズに登場したイラストを「分類順」に掲載し、簡単なキャプションを添えています。

　筆者は常々、世に出ている一般向けの"生命史の図鑑"に不満をもっていました。世に出ている"生命史の図鑑"は、往々にして「時代順」でまとめられています。そのため、歴史の流れを概観することはできますが、分類群ごとの進化やまとまりがわかりづらい。これがたとえば、「動物」というタイトルの図鑑であれば、現生の哺乳類が分類群ごとに収録されており、知識を"横"へと広げやすくなっています。

　こうした、ほかの分野の図鑑と同じように「分類群ごとにまとめた"生命史の図鑑"が欲しい」。この欲求を満たすべく挑戦したのが本書の第1部です。時代をまたいでどんな近縁種がいたのか、そして、それぞれの分類のなかでどのような進化があったのかなどがわかりやすくなっていると思います。

　また、この図譜パートには、コラムとして近年の古生物情報を挿入しました。シリーズ第1巻から第10巻までの間には2年以上の歳月があり、相対的に第1巻の情報は古く、第10巻の情報は新しくなっています。シリーズ内に

おける、この"鮮度の不均衡"をならす役目を果たすのが、各コラムです。

やりたかったことの二つ目は、「シリーズの総索引パート」です。筆者を含めた制作陣は、職業柄、「索引で情報を探す」ということをよくやります。このシリーズではさまざまな情報を盛り込んでいるので、必要な情報へいち早くたどり着くため、「何巻の何ページ」という具合の総索引を作りました。これはシリーズの資料的価値を高める仕様だと思います。……まあ、これはただのタテマエで、私自身が「索引で探す」という行為そのものが好きなのです。

最後に、やりたかったことの三つ目として、シリーズでお世話になった国内の博物館さんへの"筆者なりのガイド"のページを設けました。日本にはこんなにも素晴らしい博物館がたくさんあります。ぜひ、本書を手に取られた後は、各館を訪ねてみてください。これまで以上に、化石があなたにとって身近なものとなることでしょう。

本書は、これまでのシリーズと同様に群馬県立自然史博物館に総監修をいただきました。また、今回も世界中の博物館や研究者のみなさんに、貴重な標本の画像をご提供いただきました。みなさま、お忙しいなか、本当にありがとうございます。

制作スタッフは、いつものメンバーです。イラストはえるしまさく氏と小堀文彦氏、作図は妻（土屋香）です。デザインは、WSB inc.の横山明彦氏。編集はドゥ アンド ドゥ プランニングの伊藤あずさ氏、小杉みのり氏、技術評論社の大倉誠二氏でお送りしています。

今、この本を手に取ってくださっているあなたに、大きな感謝を。本書があなたの"古生物ライフ"の良き助けになればと思います。

2017年7月
筆者

目　次

地質年表 6

第1部　生命史図譜 7

図譜の見方 8

01	海綿動物	....	9
02	刺胞動物	....	9
03	棘皮動物	....	10
04	脊索動物	....	14
05	脊椎動物	....	14

　　　"無顎類" 14
　　　板皮類 19
　　　軟骨魚類 23
　　　棘魚類 27
　　　条鰭類 28
　　　肉鰭類 30
　　　両生類 34
　　　爬虫類 39
　　　　側爬虫類 39
　　　　双弓類 41
　　　　　※下記以外の双弓類 41
　　　　　ヨンギナ類 41
　　　　　コリストデラ類 42
　　　　　魚竜形類 43
　　　　　魚竜類 43
　　　　　竜鱗類 45
　　　　　竜鱗形類 49
　　　　　カメ類 55
　　　　　主竜類 56
　　　　　　クルロタルシ類 56
　　　　　　翼竜類 62
　　　　　　恐竜形類 68
　　　　　　恐竜類 68
　　　　※上記以外の爬虫類 91
　　　単弓類 95
　　　　"盤竜類" 95
　　　　獣弓類 97
　　　　　ディノケファルス類 97
　　　　　ディキノドン類 98
　　　　　ゴルゴノプス類 99
　　　　　キノドン類 100
　　　　　哺乳類 101
　　　　　　※下記以外の哺乳類 101
　　　　　　有袋類 102
　　　　　　真獣類 107

06	腕足動物		138
07	軟体動物		138
08	鰓曳動物		145
09	有爪動物		145
10	節足動物		148
		※下記以外の節足動物	148
		アノマロカリス類	152
		三葉虫類	156
		鋏角類	157
		マレロモルフ類	167
		甲殻類	168
		多足類	169
		ユーシカルノイド類	169
		昆虫類	170
11	古虫動物		171
12	リニア状動物		172
13	リニア植物		172
14	ヒカゲノカズラ		172
15	シダ植物		173
16	前裸子植物		173
17	シダ種子植物		174
18	裸子植物		174
19	被子植物		174
20	ランゲオモルフ		176
21	分類不明		177

第2部 シリーズ総索引 ……………………………………………… 181
    索引一覧 ……………………………………………………………… 182
    学名一覧 ……………………………………………………………… 200

古生物たちに会える博物館 …………………………………………… 208
もっと詳しく知りたい読者のための参考資料 ……………………… 213

地質年表

代	年代	紀
新生代	現在	第四紀
	約260万年前	新第三紀
	約2300万年前	古第三紀
中生代	約6600万年前	白亜紀
	約1億4500万年前	ジュラ紀
	約2億100万年前	三畳紀
古生代	約2億5200万年前	ペルム紀
	約2億9900万年前	石炭紀
	約3億5900万年前	デボン紀
	約4億1900万年前	シルル紀
	約4億4300万年前	オルドビス紀
	約4億8500万年前	カンブリア紀
先カンブリア時代	約5億4100万年前	エディアカラ紀
	約6億3500万年前	"原始生命時代"
	約46億年前 地球誕生	

※ 年代値の出典については P.213を参照

第1部　生命史図譜

HISTORY OF LIFE

図譜の見方

ここでは、シリーズ全10巻に登場した主要な古生物をまとめている。シリーズ本編では、古生物たちを地質時代ごとに切り取って紹介してきた。本書では視点を変えて、分類ごとに時代をまたいで眺められるようにした。

〈凡例〉

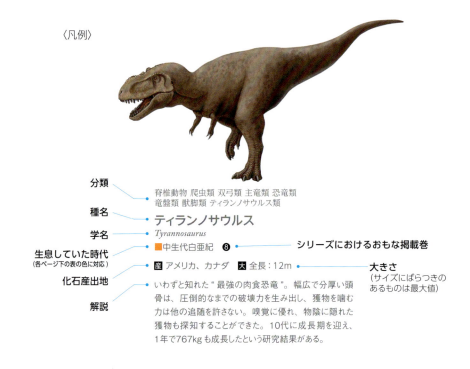

分類 — 脊椎動物 爬虫類 双弓類 主竜類 恐竜類 竜盤類 獣脚類 ティランノサウルス類

種名 — **ティランノサウルス**

学名 — *Tyrannosaurus*

生息していた時代（各ページ下の表の色に対応）— ■中生代白亜紀 ❽ — シリーズにおけるおもな掲載巻

化石産出地 — 産 アメリカ、カナダ　大 全長：12m — 大きさ（サイズにばらつきのあるものは最大値）

解説 — いわずと知れた"最強の肉食恐竜"。幅広で分厚い頭骨は、圧倒的なまでの破壊力を生み出し、獲物を噛む力は他の追随を許さない。嗅覚に優れ、物陰に隠れた獲物も探知することができた。10代に成長期を迎え、1年で767kgも成長したという研究結果がある。

※ここでは、シリーズ本編にイラストを掲載した種を中心にまとめている。イラストのない種に関しては、182ページから始まる総索引を参考にしつつ、シリーズ各巻をご覧いただきたい。
※シリーズの各巻刊行から2016年末までに発表された新研究に関しては、そのいくつかをコラムの形で掲載した。
※各種に関しては大まかな分類群ごとに生命史の登場順でまとめている。ただし、同時代に登場した生物種が複数いる場合は、時代内で五十音順にまとめた。
※掲載分類に関しては、『岩波 生物学辞典 第5版』（2013年刊行）を分類情報の基本とし、各種文献から補足・調整をしている。学界の最前線や、いわゆる教科書的な知識とは、必ずしも整合しないことに注意。あくまでも、「大まかな分類群内における大まかな進化」について知ることができる程度、と認識されたい。
※なお、シリーズ本編との整合性をとるため、本書では階層分類（いわゆる「界」「門」「綱」「目」「科」）の表記は採用していない。「界」レベルは省略し、「門」に関しては単純に「○○動物」とし、「綱」「目」「科」に関してはすべて「○○類」で表記を統一した。
※学名については、属名のみの表現を基本とした。ただし、同じ属で複数種を収録しているものなどは、種小名も記載している場合がある。

01 海綿動物

海綿動物
チョイア
Choia
■古生代カンブリア紀　■オルドビス紀
■デボン紀　❶

産 カナダ、アメリカ、中国など
大 全長：5cm

円盤状の本体から、放射線状に長いトゲをのばしている。まるでUFOのように浮遊しそうな外見ではあるが、底生生物であり、固着性であった可能性も指摘されている。近縁種も多い。

02 刺胞動物（しほう）

刺胞動物
アンスラコメデューサ
Anthracomedusa
■古生代石炭紀　❹

産 アメリカ　大 全長：10cm

クラゲの一種。現生のオーストラリアウンバチクラゲに似る。ただし、オーストラリアウンバチクラゲのように毒をもっていたかどうかは不明。

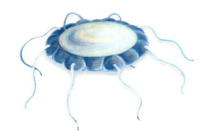

刺胞動物
エッセクセラ
Essexella
■古生代石炭紀　❹

産 アメリカ　大 全長：15cm

長いスカートをもつクラゲ。スカートの中には、多数の触手がある。

刺胞動物
オクトメデューサ
Octomedusa
■古生代石炭紀　❹

産 アメリカ　大 全長：2cm

クラゲの一種。円盤状の傘をもち、そこから触手を8本垂らす。

03 棘皮動物

棘皮動物 ウミユリ類

ピクノクリヌス
Pycnocrinus
■古生代オルドビス紀 ❷

産 アメリカ
大 全長：10cm

逆円錐形の萼、細いチューブ状の茎、羽枝のある腕など典型的ともいえる姿をしたウミユリ。

アンモニクリヌス
Ammonicrinus
■古生代デボン紀 ❸

産 ドイツ、ポーランド、フランス
大 全長：10cm 未満

茎が途中から幅広になり、萼と腕を巻き込むという異色のウミユリ。この独特の姿勢に進化した背景には、天敵である腹足類の繁栄があったという指摘がある。

アポグラフィオクリヌス
Apographiocrinus
■■古生代石炭紀～ペルム紀 ❹

産 アメリカ、オーストラリア、タイほか
大 萼から腕の先：3cm

細身のウミユリ類。各腕の根本が分岐しており、合計10本の腕をもっている。

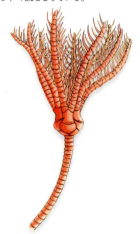

ギルバーツオクリヌス
Gilbertsocrinus
■■古生代石炭紀～ペルム紀 ❹

産 アメリカ、チェコ、イギリス
大 萼の高さ：3.5cm

腕が"逆さ向き"になって、饅頭のような形の萼を包み込むようにして化石に残ることが多い。

棘皮動物 ウミユリ類
サッココマ
Saccocoma
■■■中生代三畳紀〜白亜紀 ❻

産 ドイツ、フランス、ブルガリアほか
大 全長：4cm

茎をもたないウミユリ類。浮遊性だったとみられている。始祖鳥化石の産地として有名なドイツのゾルンホーフェンでとくに多産する。

棘皮動物 ウミユリ類
ドリクリヌス
Dorycrinus
■古生代石炭紀 ❹

産 アメリカ
大 トゲを含んだ萼の長径：10cm

萼から外に向かって5本のトゲがのびるウミユリ類。

棘皮動物 ウミユリ類
ウインタクリヌス
Uintacrinus
■中生代白亜紀 ❽

産 カナダ、アメリカ、フランスほか
大 萼の直径：7.5cm

茎をもたない浮遊性のウミユリ。腕の長さは、1.25mにも達した。密集した状態で化石が見つかっている。

棘皮動物 海果類

棘皮動物 海果類
エノプロウラ
Enoploura
■古生代オルドビス紀 ❷

産 アメリカ　大 全長：10cm 未満

「海果類（カルポイド類）」とよばれる絶滅した棘皮動物のグループに属する。直方体の一端には、開口部とみられる横に広い孔がある。もう一端には、柔軟に曲がるとみられる腕のような構造がある。この腕のような構造をどのように使っていたのかは不明。移動して生活していたのか、固着して生活していたのかさえわかっていない。

棘皮動物 海果類
レノキスティス
Rhenocystis
■古生代デボン紀 ❸

産 ドイツ　大 全長：10cm

謎の棘皮動物グループ「海果類（カルポイド類）」の1種。長く鋭い腕のような構造を海底に突き刺しながら移動したらしい。

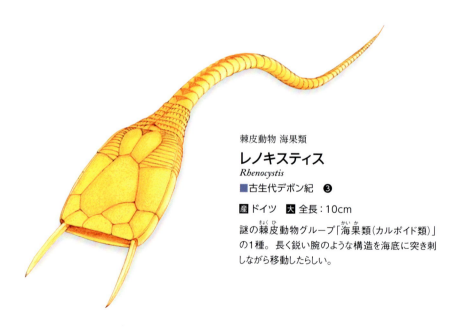

棘皮動物 座ヒトデ類

棘皮動物 座ヒトデ類
カンプトストローマ
Camptostroma
■古生代カンブリア紀 ❹

産 アメリカ　大 長径：4cm

原始的な座ヒトデ類。上面にヒトデのような構造を発達させていた。

棘皮動物 座ヒトデ類
イソロフス
Isorophus
■古生代オルドビス紀 ❷

産 アメリカ　大 長径：数cm

饅頭の上にヒトデがのったような姿の座ヒトデ類。"饅頭"の表面は、細かな骨片で構成されている。

04 脊索動物

脊索動物
ピカイア
Pikaia
■古生代カンブリア紀　❶

産 カナダ　大 全長：6cm 未満

現生のナメクジウオに近い形をもち、体内に脊索とみられる構造がある。懸濁物あるいは、海底に堆積した有機物を食べていたとされる。

05 脊椎動物

脊椎動物 "無顎類"

脊椎動物 "無顎類"
ミロクンミンギア
Myllokunmingia
■古生代カンブリア紀　❶

産 中国　大 全長：3cm

本書執筆時点で知られている限り、最も古い魚の仲間。現生のメダカよりもわずかに小さい。

バージェス頁岩からも見つかった無顎類
メタスプリッギナ

　中国の澄江から無顎類のミロクンミンギアが1999年に報告されたことによって、それまでカナダのバージェス頁岩層のピカイアが保持していた"脊椎動物の祖先"のタイトルが事実上奪われた。その後、「脊椎動物の進化」という視点では、バージェス頁岩層は少々影が薄くなっていた。
　しかし、イギリス、ケンブリッジ大学のサイモン・コンウェイ・モリスと、カナダ、ロイヤル・オンタリオ博物館のジーン－バーナード・カロンは、すでに報告されていた全長6cmほどの**メタスプリッギナ**（*Metaspriggina*）を再研究し、「A primitive fish from the Cambrian of North America」（北アメリカのカンブリア紀にいた原始的な魚）というタイトルの論文を2014年に発表した。この研究によれば、メタスプリッギナは、ミロクンミンギアに近縁な無顎類であるという。
　コンウェイ・モリスとカロンは、新たに発見した標本を含む100個体の化石を精査することで、メタスプリッギナに筋節、鰓器官、鼻の孔、そして二つの眼があることを見いだした。いずれもミロクンミンギアなどの無顎類と共通する特徴だ。さらにこの研究では、メタスプリッギナの肛門の位置が、体の後端から4分の1ほどの前に寄った位置にあることも報告されている。
　ミロクンミンギアとメタスプリッギナのちがいを挙げるとすると、メタスプリッギナの眼は頭部からちょこんと突き出て上を向いている点があげられる。なんとも愛らしい姿である。また、ミロクンミンギアにはあった「鰭」が、メタスプリッギナには確認されていない。もっとも、これは化石の保存が関係している可能性がすでに指摘されており、今後の発見次第では復元図が大きく変わる可能性もある。バージェス頁岩層は、脊椎動物の進化を追ううえでも、再び注目の地層となったわけだ。

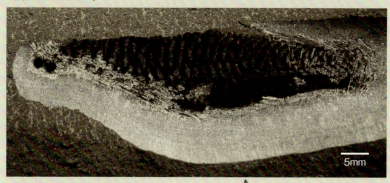

上段はメタスプリッギナの化石の一つ。左側に2つ並んでいる黒い部分が眼。そのほか、この化石には筋節、肝臓、消化管などが確認できる。下段は復元図。
（Photo：ROM, J.B. Caron）

脊椎動物 "無顎類" 円口類
ツリモンストラム
Tullimonstrum
■古生代石炭紀 ❹

産 アメリカ　大 全長：40cm

「トゥリモンストラム」あるいは「ターリーモンスター」とも。体の前端が細く長くのびて、その先端にはハサミ構造がある。また、眼軸が体の左右にのびて、その先端に眼がつく。分類に関してはコラム参照。なお、右に掲載しているイラストは旧復元だ。

脊椎動物だったツリモンストラム

　発見以来、ツリモンストラムは「分類不明」の謎の動物だった。しかし2016年になって、その分類がはじめて示されることになった。

　アメリカ、イェール大学のヴィクトリア・E・マッコイたちは、1200個以上ものツリモンストラムの標本を分析し、ツリモンストラムの体内に脊索や軟骨、鰓などがあることを報告した。これらは、無顎類のもつ特徴である。マッコイたちは、ツリモンストラムは現在のヤツメウナギ（円口類）に近い魚の仲間だったと指摘している。

　下に復元されているツリモンストラムは、2016年に発表された論文にもとづく"新復元"だ。「無顎類」という魚の仲間を意識しているため、体は縦に長くなり、そして鰓孔が体の側面に開いているという点が新しい。

　ただし、2017年には「やはり脊椎動物ではない」と結論する論文も発表されており、分類に関しては今なお議論の渦中にある。

脊椎動物 "無顎類" コノドント類
プロミッスム
Promissum
■古生代オルドビス紀 ❷

産 南アフリカ　大 全長：40cm

大きな眼が特徴で、口内に骨質の構造があったとみられている。ただし、その構造の役割については不明。

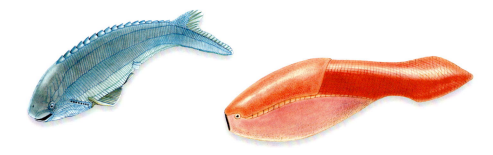

脊椎動物 "無顎類" 欠甲類
リンコレピス
Ryncholepis
- ■古生代シルル紀 ❷
- 産 ノルウェー 大 全長：5cm

背腹方向に細長い鱗で全身を覆う。

脊椎動物 "無顎類" 翼甲類異甲類
アランダスピス
Arandaspis
- ■古生代オルドビス紀 ❷
- 産 オーストラリア 大 全長：20cm

鱗をもった初期の魚の一つ。鰭は尾鰭のみで、遊泳能力がさほど高くなかったことを伺わせる。

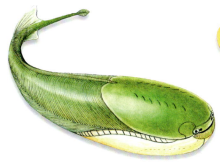

脊椎動物 "無顎類" 翼甲類異甲類
サカバンバスピス
Sacabambaspis
- ■古生代オルドビス紀 ❷
- 産 ボリビア、オマーン、オーストラリア
- 大 全長：30cm

尾鰭の先端が長くのびるという独特の形状をもつ。おもに大陸沿岸に生息していたようだ。

脊椎動物 "無顎類" 翼甲類異甲類
トリペレピス
Tolypelepis
- ■古生代シルル紀 ❷
- 産 エストニア、ロシア、カナダ
- 大 全長：10cm

体の前部の背中側と腹側を異なる甲羅で覆った甲冑魚。顎はなく、鰭も尾鰭以外は未発達。

脊椎動物 "無顎類" 翼甲類異甲類
エリヴァスピス
Errivaspis
■古生代デボン紀 ❸

産 イギリス、フランス　大 全長：20cm

前方に大きく突出した吻部が特徴。吻部の付け根の下に、顎のない口がある。

脊椎動物 "無顎類" 翼甲類異甲類
ドリアスピス
Doryaspis
■古生代デボン紀 ❸

産 ノルウェー　大 全長：20cm

翼のような構造をもち、その形状はまるで戦闘機のようである。吻部からまっすぐ前に突起がのびる。

脊椎動物 "無顎類" 翼甲類異甲類
ドレパナスピス
Drepanaspis
■古生代デボン紀 ❸

産 ドイツ　大 全長：45cm

背の中心と側面に骨の板の鎧をもち、その間を小さな骨片が埋める。活発な運動能力はなく、海底の有機物を食べていたとみられている。

脊椎動物 "無顎類" 歯鱗類
フレボレピス
Phlebolepis
■古生代シルル紀 ❷

産 エストニア、ノルウェー、ロシアなど
大 全長：7cm

扁平な体つきをしている。サメの楯鱗に似た鱗で全身を覆う。

脊椎動物 "無顎類" 頭甲類
トレマタスピス
Tremataspis
■古生代シルル紀 ❷

産 エストニア 大 全長：10cm

頭部を1枚の甲羅で覆った甲冑魚。顎はなく、鰭も尾鰭以外は未発達。

脊椎動物 "無顎類" 頭甲類
ケファラスピス
Cephalaspis
■古生代デボン紀 ❸

産 カナダ、ウクライナ、イギリスほか
大 全長：30cm弱

海底付近を泳いでいたとされる。頭部の縁付近にある"へこみ"には、感覚器官があった可能性が指摘されている。デボン紀前期におおいに繁栄し、近縁種も多い。

脊椎動物 板皮類

脊椎動物 板皮類 レナニダ類
ゲムエンディナ
Gemuendina
■古生代デボン紀 ❸

産 ドイツ 大 全長：40cm

エイに似た姿のもち主。頭部のほとんどを小さな骨片群が覆う。まれに1mにまで成長するものもいた。

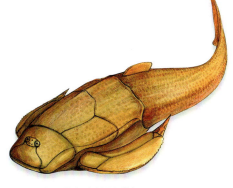

脊椎動物 板皮類 胴甲類
ボスリオレピス
Bothriolepis
■古生代デボン紀 ❸

産 カナダ、アメリカ、ロシアほか
大 全長：45cm?

ボスリオレピス属には100種以上が知られ、しかもその化石は南極大陸を含むすべての大陸から産出する。「最も成功した板皮類」の異名をもち、種によっては背にトサカ構造をもつ。上の復元図は、ボスリオレピス・カナデンシス。

ボスリオレピス属の"最大種"を報告

　100種をこえるとされるボスリオレピス属。そのなかには、ボスリオレピス・マキシマ（*Bothriolepis maxima*）、ボスリオレピス・ギガンテア（*Bothriolepis gigantea*）といった大型種が含まれていた。ボスリオレピス・マキシマはラトビアから発見された種で、部分化石から推定される「頭甲と胴甲を合わせた長さ」は50cm超とされている。最もよく知られるボスリオレピス・カナデンシス（*Bothriolepis canadensis*）の「全長」が50cm弱なので、ボスリオレピス・マキシマは頭甲と胴甲だけでボスリオレピス・カナデンシスをこえていたことになる。全長はゆうに1mをこえていたことだろう。一方のボスリオレピス・ギガンテアもなかなかの大型種で、化石はイギリスで発見されている。こちらも部分化石から推定される頭甲と胴甲を合わせた長さは40cm以上とされているから、やはり全長でみれば1mをこえる大きさとなる。

　これまでに知られている限り、ボスリオレピス・マキシマがボスリオレピス属の最大種だった。しかし、2016年にアメリカのデラウェア・ヴァレー大学に所属するジェイソン・P・ダウンスたちが報告した新種は、サイズにおいてボスリオレピス・マキシマを軽くこえていた。カナダのエルズミーア島から発見された部分化石にもとづく頭甲と胴甲を合わせた長さは、控えめに見積もっても70cmとされている。全長で考えると1.5mをこえる"巨体"である。ダウンスたちは、この新種を「ボスリオレピス・レックス（*Bothriolepis rex*）」と名づけた。

　ラテン語で「最大」を意味する「マキシマ（*maxima*）」、「巨大」を意味する「ギガンテア（*gigantea*）」、そして今回の「王」を意味する「レックス（*rex*）」。さあ、さらなる大型種が見つかったときには何と名づけられるか？　未来の命名者のセンスが問われる。

ボスリオレピス・レックスの命名の元となった部分化石。上段が外側、下段が内側。
(Photo：VIREO.)

体内受精をしていた板皮類　ミクロブラキウス

　脊椎動物の歴史において、体内受精がいつ始まったのかは定かではない。いわゆる"教科書的な知識"でいえば、魚の仲間は体外受精である。ただし、現生の魚の仲間には、軟骨魚類であるサメの仲間のように体内受精を行うものもいる。クラドセラケ（▶P.24）などの軟骨魚類が、デボン紀にはすでに登場していたことを考えると、体内受精の"先駆者"は魚の仲間である可能性が高い。

　では、魚の仲間は、いったいいつから体内受精を始めたのだろうか？

　この答えの一助となりそうな化石が、2014年にオーストラリア、フリンダース大学のジョン・A・ロングたちによって報告された。その化石とは、ボスリオレピスとよく似た姿の板皮類、**ミクロブラキウス**（*Microbrachius*）のものだ。頭胸部の大きさが3cmほどの胴甲類である。

　ロングたちが、スコットランドなどから新たに発見されたミクロブラキウスの化石を詳しく調べたところ、軟骨魚類のクラスパー（雄の生殖器）に相当する交接器をもつ個体と、同じ位置に雌の交接器と思われる部位をもつ個体がいることが明らかになった。

　クラスパーと、それと対になる構造が確認されたことで、ミクロブラキウスは体内受精を行っていたと解釈された。雄が自分の胸部の後端にあるクラスパーを横から雌に押しつけるようにして交接を行っていたという。知られている限り"最古の体内受精"の証拠である。

イラストは、ミクロブラキウスの交接シーンの想像図。写真は、左が雄、右が雌の化石。雄の化石には、クラスパーが確認できる。
(Photo : John Long, Flinders University)

脊椎動物 板皮類 プチクトドゥス類
マテルピスキス
Materpiscis
■古生代デボン紀 ❸

産 オーストラリア　大 全長：25cm

いわゆる「甲冑魚」で知られる板皮類の一つだが、"装甲"が退化していて甲冑魚らしくない。へその緒をもっていることが確認され、「板皮類＝胎生説」の根拠となっている。

脊椎動物 板皮類 節頸類
ダンクレオステウス
Dunkleosteus
■古生代デボン紀 ❸

産 モロッコ、アメリカ　大 全長：8m

古生代最大・最強の魚。吻部の骨の板がまるで歯のように鋭く尖る。この部分はあくまでも骨の板であり、いわゆる「歯」ではない。ただし、その内部構造は純粋な骨とも異なり、歯と骨の中間のような独特なものとなっていた。

脊椎動物 板皮類
エンテログナトゥス
Entelognathus
■古生代デボン紀 ❸

産 中国　大 全長：20cm以上

頭部の骨の構造が、硬骨魚類と陸上脊椎動物によく似る。板皮類内での分類位置なども含めて、今後の研究が待たれている。

脊椎動物 軟骨魚類

脊椎動物 軟骨魚類 全頭類
ハーパゴフトゥトア
Harpagofututor
■古生代石炭紀 ❹

産 アメリカ　大 全長：12cm

雄の頭部に、後方に向かってのびる1対の細長い構造物がある。「ハルパゴフトゥトア」とも。

脊椎動物 軟骨魚類 全頭類
ベラントセア
Belantsea
■古生代石炭紀 ❹

産 アメリカ　大 全長：60cm

巨大な胸鰭、低く鋭利な歯をもつ。獲物を噛み砕いていたとみられている。

脊椎動物 軟骨魚類 全頭類
ヘリコプリオン
Helicoprion
■古生代ペルム紀 ❹

産 アメリカ、カナダ、日本ほか　大 全長：3m

直径20cm強の渦を巻いて並ぶ歯の化石が知られている。その歯の"もち主"をめぐって、1世紀以上にわたって議論が展開されてきた。2013年の研究で、上顎と下顎の構造が確認され、ギンザメの仲間（全頭類）であるとの説が発表された。

脊椎動物 軟骨魚類
クラドセラケ
Cladoselache
■古生代デボン紀 ❸

産 アメリカ　大 全長：2m

初期の軟骨魚類の一つで、その代表的な存在。胸鰭が発達しており、上昇能力や方向転換能力、急制動能力に長けるほか、優れた推進力ももっていたとみられている。

脊椎動物 軟骨魚類
アクモニスティオン
Akmonistion
■古生代石炭紀 ❹

産 スコットランド　大 全長：60cm

後頭部に突出した構造物（背鰭ともいわれる）をもつ軟骨魚類。構造物の上面は水平方向に広がっていて、その表面に歯のような突起がびっしりと並ぶ。

脊椎動物 軟骨魚類
オルサカンタス
Orthacanthus
■■■古生代石炭紀〜中生代三畳紀? ❹

産 世界各地　大 全長：3m

頭部の付け根から、後方に向かって1本の細いトゲがのびる。このトゲは、成長にともなってのびていったとされる。

脊椎動物 軟骨魚類
ファルカトゥス
Falcatus
■古生代石炭紀 ❹

産 アメリカ　大 全長：30cm

雄の後頭部から、前方へ向かって突起がのびる。雌にはこの突起がない。

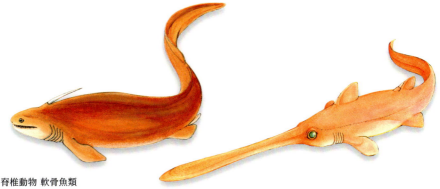

脊椎動物 軟骨魚類
クセナカンタス
Xenacanthus
■ 古生代ペルム紀〜中生代三畳紀？ ❹

産 チェコ、アメリカ、インド　大 全長：70cm

頭部の付け根から、後方に向かって1本の細いトゲがのびる。背鰭が長い。

脊椎動物 軟骨魚類 板鰓類 真板鰓類
バンドリンガ
Bandringa
■ 古生代石炭紀 ❹

産 アメリカ　大 全長：10cm

長い吻部と体には、微弱な生体電気を感知できる複雑な感覚器官があったとみられている。水底の泥の下に潜む獲物を探し当てる、レーダーのような役割を果たしていたのかもしれない。

脊椎動物 軟骨魚類 板鰓類 真板鰓類
クレトキシリナ
Cretoxyrhina
■ 中生代白亜紀 ❽

産 アメリカ、日本ほか　大 全長：6m

最大で9.8mとも推測されているサメの仲間。「最強にして最恐」といわれる存在の一つ。イクチオデクテス類をはじめ、モササウルス類やクビナガリュウ類、カメ類などを襲っていたとみられている。「的確に獲物の喉を食い破る能力があった」という指摘もある。

脊椎動物 軟骨魚類 板鰓類 真板鰓類
スクアリコラックス
Squalicorax
■ 中生代白亜紀〜新生代古第三紀 ❽

産 アメリカ、ヨルダン、日本ほか
大 頭骨の大きさ：2m

クレトキシリナより一回り小さいとされるサメの仲間。世界中で化石が見つかっている。この時代のサメの仲間としては珍しく、歯に鋸歯がある。モササウルス類やカメ類を襲っていたようだ。

脊椎動物 軟骨魚類 板鰓類 真板鰓類
"メガロドン"
Carcharodon megalodon
■■新生代古第三紀漸新世〜新第三紀鮮新世

産 日本、アメリカ、イタリアほか ❿
大 全長：15.9m？

通称の「メガロドン」は種小名に由来するもの。属の分類に関しては、研究者によって見解が分かれている。ここで表記している「*Carcharodon*」という属名は、現生のホホジロザメと同属であるという見方にもとづく。全長の推測値は11〜20mと幅があり、定まっていない。化石は世界中から見つかっている。

メガロドンが絶滅した理由

　メガロドンのサイズがいかほどであるにしろ、ともかくも大きく、そして恐ろしい存在であったことにまちがいはなさそうだ。現在の海にメガロドンがいないことは、ある意味では残念だし、ある意味では幸運であるといえるだろう。

　さて、そんなメガロドンが姿を消したのは、今から約260万年前のことといわれている。ちょうど、新第三紀と第四紀の境界に当たる時期である。なぜ、その時期に絶滅したのか、理由はよくわかっていなかった。「獲物となるような大型のクジラ類や鰭脚類の多様性が減少したことと関わっているのではないか」、「捕食能力の高いハクジラ類との競争に敗れたのではないか」、「気候が寒冷化したことが関わっているのではないか」、「獲物となるような大型海棲哺乳類の生息圏が移動してしまったのではないか」などという見方があったが、どれも決め手に欠けていた。

　スイス、チューリッヒ大学のカタリナ・ピミエントたちは、これまでに発見されているメガロドンの膨大なデータを整理することで、絶滅の理由に迫る研究を2016年に発表した。その結果、従来いわれていた絶滅時期よりも150万年以上前の、新第三紀中新世後期には、世界中でメガロドンの数が減少し始めていたことを突き止めた。この減少は、生息域の縮小化にともなうものだという。

　これほど長い期間をかけて絶滅したのであれば、理由は気候の寒冷化では説明できない。一方で、メガロドンの減少の時期は、大型ヒゲクジラ類の減少や、新たな競争者としてのハクジラ類、ホホジロザメの台頭との一致をみると指摘されている。

脊椎動物 棘魚類

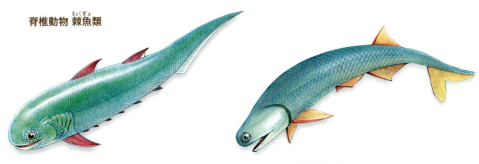

脊椎動物 棘魚類
クリマティウス
Climatius
■■古生代シルル紀〜デボン紀 ❷

産 カナダ、イギリス、エストニアなど
大 全長：15cm

最も初期の顎をもつ魚の仲間の一つ。棘魚類は、尾鰭以外の鰭の前縁にトゲがあることを特徴とするが、クリマティウスのような初期の種は、鰭自体がトゲになっていた。

脊椎動物 棘魚類
アカントデス
Acanthodes
■■■古生代デボン紀〜ペルム紀 ❹

産 ロシア、中国、アメリカなど
大 全長：9cm

棘魚類としては、後発組に当たる。鰭の前縁にあるトゲが長く、また口には歯がないという特徴がある。

3億年前の棘魚類に色覚があった！

　脊椎動物はいつから色を認識していたのだろうか？ 脊椎動物の眼は軟組織でできており、化石としては極めて残りづらい。そのため、古脊椎動物の視覚に関する研究は、たとえば節足動物などと比べると進んでいるとはいいがたい。

　しかし2014年、熊本大学の田中源吾（現・金沢大学）たちによって、約3億年前の地層から発見された棘魚類の化石に、眼の軟組織が確認された。田中たちが研究対象としたのは、アメリカ、カンザス州に分布する石炭紀後期の地層から発見されたアカントデス・ブリッジイ（*Acanthodes bridgei*）である。田中たちはこの標本を詳細に調査することで、眼の軟組織とその組織をつくる細胞を明らかにした。この研究によると、桿体細胞と錐体細胞が確認できたという。桿体細胞は明暗を識別し、錐体細胞は色を識別する細胞だ。これによって、約3億年前の棘魚類に色覚があったことが明らかになった。

　この化石標本が発見された地層は、浅い水域でつくられたものだ。田中たちは、アカントデスが浅い水域の色鮮やかな世界を見ていた可能性を指摘している。

アカントデスの化石標本
(Photo：田中源吾)

脊椎動物 棘魚類
プトマカントゥス
Ptomacanthus
■古生代デボン紀 ❸

産 イギリス　大 全長：40cm

本種の存在によって、棘魚類（きょくぎょ）そのものの位置づけが「硬骨魚類に近いのか」「軟骨魚類に近いのか」で意見が分かれている。

脊椎動物 条鰭類（じょうき）

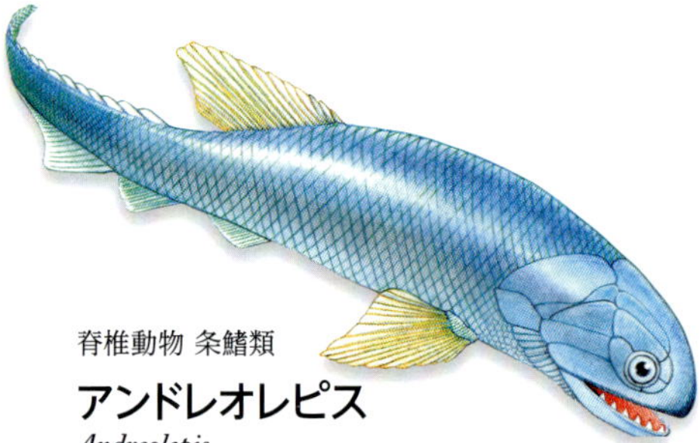

アンドレオレピス
Andreolepis
■古生代シルル紀 ❷

産 エストニア、ロシア、スウェーデン
大 全長：20cm

初期の顎をもつ魚の1種。のちに大繁栄（じょう）する条鰭類の先駆的な存在に位置づけられる。

脊椎動物 条鰭類 ケイロレピス類
ケイロレピス
Cheirolepis
■古生代デボン紀 ❸

産 イギリス、カナダ、ドイツほか
大 全長：55cm

初期の条鰭類（じょうき）。吻部（ふんぶ）が寸詰まりで眼が大きく、鱗の形が四角形であるなど、独特の特徴をもっていた。

脊椎動物 条鰭類 パキコルムス類
リードシクティス
Leedsichthys
■中生代ジュラ紀 ❻

産 フランス、イギリス、ドイツ　大 全長：27m

史上最大級の魚類。ただし、そのサイズに関しては諸説あり、12mとも16.5mともいわれている。生態は、濾過食者だったのではないか、との見方が強い。

脊椎動物 条鰭類
レプトレピス類 サウロドン類

サウロドン
Saurodon
■中生代白亜紀 ❽

産 アメリカ、イタリア、ヨルダン
大 全長：2m

下顎が鋭く突出する。サウロドン類は、イクチオデクテス類に近縁とされるグループ。

脊椎動物 条鰭類
イクチオデクテス類

イクチオデクテス
Ichthyodectes
■中生代白亜紀 ❽

産 アメリカ 大 全長：4m

体のサイズや歯の大きさは、シファクティヌスとギリクスの中間ほど。

脊椎動物 条鰭類 イクチオデクテス類

ギリクス
Gillicus
■中生代白亜紀 ❽

産 アメリカ、カナダ 大 全長：2m

歯がとても小さい。しゃくれた下顎が特徴的である。シファクティヌスに丸飲みにされた標本が見つかっている。

脊椎動物 条鰭類
イクチオデクテス類

シファクティヌス
Xiphactinus
■中生代白亜紀 ❽

産 アメリカ、カナダ、ベネズエラ
大 全長：5.5m

ややしゃくれた下顎と、そこに並ぶ鋭い歯が特徴。近縁なギリクスを丸飲みした標本が有名。

脊椎動物 肉鰭類

脊椎動物 肉鰭類 シーラカンス類
ミグアシャイア
Miguashaia
■古生代デボン紀 ❸

産 カナダ、ラトビア　大 全長：40cm

姿が復元できるシーラカンス類としては、最古の種。一部の鰭には、シーラカンス類の特徴である"腕"構造がない。背鰭の数も進化型のシーラカンス類と比べると一つ少ない。

脊椎動物 肉鰭類 シーラカンス類
ホロプテリギウス
Holopterygius
■古生代デボン紀 ❸

産 ドイツ　大 全長：6.5cm

広い尾鰭をもつシーラカンス類。かつては、ウナギの仲間ではないか、とも考えられていた。

脊椎動物 肉鰭類 シーラカンス類
アレニプテルス
Allenypterus
■古生代石炭紀 ❹

産 アメリカ　大 全長：20cm

体高のあるシーラカンス類。第3背鰭が広く、吻部が寸詰まり、ということが特徴。

脊椎動物 肉鰭類 シーラカンス類
カリドスクトール
Caridosuctor
■古生代石炭紀 ❹

産 アメリカ　大 全長：20cm

現生のシーラカンス類と比較すると、体が細く、頭部が小さい。第3背鰭と第2臀鰭の間から尾鰭がのびる。

脊椎動物 肉鰭類 ハイギョ類
グリフォグナサス
Griphognathus
■古生代デボン紀 ❸

産 オーストラリア　大 全長：20cm

ガチョウを彷彿とさせる、長く平たい吻部が特徴の肺魚。この吻部で、サンゴをへし折ったり、海底を掘ってやわらかい蠕虫を探したりしていたとみられている。

脊椎動物 肉鰭類 ハイギョ類
ディプテルス
Dipterus
■古生代デボン紀 ❸

産 スコットランド、ベルギー　大 全長：20cm

歯はもたず、歯のような構造のある口蓋をもつ肺魚。鱗が頑丈で、丸みを帯びていることも特徴の一つ。

脊椎動物 肉鰭類 ハイギョ類
ディプノリンクス
Dipnorhynchus
■古生代デボン紀 ❸

産 オーストラリア、ドイツ
大 全長：1.5m

大型の肺魚。分厚くがっしりした口蓋で、二枚貝やほかの動物のかたい殻を砕いていたとみられている。

脊椎動物 肉鰭類
ユーステノプテロン
Eusthenopteron
■古生代デボン紀 ❸

産 カナダ　大 全長：1m

胸鰭の内部に上腕骨と橈骨、尺骨といった腕の骨をもち、また、尾鰭は上下対称で、脊柱はその尾鰭の端近くまでまっすぐにのびていた。脊椎動物が進化して、海から陸へ上がっていく物語において、"出発点"としてよく登場する種だ。

脊椎動物 肉鰭類
パンデリクチス
Panderichthys
■古生代デボン紀 ❸

産 ラトビア、ロシア　大 全長：1m

平たい顔をもった肉鰭類で、眼が背側にある。胸鰭の内部に、上腕骨、尺骨、橈骨のほか、指のような構造も確認されている。

脊椎動物 肉鰭類
ティクターリク
Tiktaalik
■古生代デボン紀 ❸

産 カナダ　大 全長：2.7m

首、肩、肘、手首、骨盤、後脚をもつ肉鰭類。「腕立て伏せをする"魚"」として知られている。脊椎動物の上陸への進化を物語る。

シルル紀にもいた大型魚

　魚の歴史を振り返ろう。古生代カンブリア紀からシルル紀まで、魚の仲間たちは海洋生態系における"弱者"だった。体のサイズは大きくても数十cm程度しかなく、シルル紀を迎えるまで顎をもつ種もいなかった。デボン紀になると顎をもつ種が増え、かたい獲物が食べられるようになった。また、体のサイズも数メートル級の種が登場し始める。つまり、魚の仲間たちが生態系の頂点に君臨するのは、デボン紀からのことである。
　……というのが、これまでの"魚類史"だった。しかし、この通説に一石を投じる化石が、2014年に中国雲南省から中国科学院のブライアン・チョーたちによって報告された。
　メガマスタックス・アンブリョダス（*Megamastax amblyodus*）と名付けられたその化石は、肉鰭類の下顎部分だ。標本長は12cmに達した。チョーたちによれば、この部分化石から推測されるメガマスタックスの全長は1mに達するという。
　メガマスタックスの化石が見つかった地層は、約4億2300万年前のものとされる。シルル紀の終わりが見えてきたころだ。この時代の地層からはこれまで、1mをこえる魚類の化石は発見されていなかった。しかしメガマスタックスの発見により、シルル紀に"メートル級の魚"がすでに存在したことがわかったのである。
　この発見以前、「シルル紀に大きな魚がいないのは、当時はまだ地球上の酸素濃度が高くなかったからだ」という見方があった。大型動物が活動するには、一定以上の酸素が必要とされるからだ。実際、2013年までに知られていたメートル級の魚の登場は、酸素濃度の上昇期と一致していた。こうした過去のデータを参照すると、メガマスタックスの登場は"早すぎる"のである。これに対してチョーたちは、酸素濃度は生物の体サイズの大型化に影響しなかったという可能性を指摘している。

メガマスタックスの、左下顎の化石。写真の手前が顎の内側。顎の外側に細かな歯が並び、内側に先端が丸まった大きな歯が並んでいることがわかる。
（Photo：朱 敏）

脊椎動物 両生類

脊椎動物 両生類？
アカントステガ
Acanthostega
■古生代デボン紀 ❸

産 グリーンランド　大 全長：60cm

　デボン紀最末期に出現した史上初の両生類（ただし、近年はこの分類について見直しが進んでいる）。明らかに四肢とわかる構造をもつ。ただし、関節部分はとても華奢であり、陸上で重力に抗して体を支え、歩き回ることには向いていない。したがって、水中生活をしていたとみられている。
　すなわち、"最初の四肢" は、陸地を歩くために生まれたのではなかった、ということになる。アカントステガの生息環境は海ではなく川であり、そうした川に積もった落ち葉などをかきわけるのに四肢は使われていた、との指摘がある。ちなみに、足の指は前脚が8本、後脚はよくわかっていないが、6～8本あるとみられている。

すべてのアカントステガ標本は、幼体だった

　アカントステガの化石は、グリーンランド東部から発見されている。2016年、スウェーデン、ウプサラ大学のソフィエ・サンチェツたちが発表した研究によると、そのすべてが幼体のものだったという。
　サンチェツたちは、これまでに発見されているアカントステガの化石の上腕骨を詳細に分析した。その結果、推定年齢6歳以上とみられる大きな個体であっても、その骨には小さな個体と変わらぬ成長線が確認された。すなわち、その個体はまだ "成長期" にある幼体であったということを意味しているという。このことから、アカントステガが幼体と成体で生息域を変えていた可能性があるとサンチェツたちは指摘する。なにしろ、幼体の化石はいくつもあったのに、成体の化石は一つもなかったのである。成体となったアカントステガは、少なくとも一生のある時期は、別の場所で暮らしていたのだろう、ということになる。
　アカントステガは、陸上四足動物誕生の物語において、"最初期に四肢をもった動物" として注目されている。しかし、今回の指摘によって、その成体の姿は不明となった。彼らがいったいどのような姿をしていたのかについては、今後の発見を待つ必要がある。かねてより、アカントステガは四肢が貧弱で、上陸生活はできないと考えられてきた。しかし、ひょっとしたら、成体はまた異なる事情をもっていたのかもしれない。

脊椎動物 両生類？
イクチオステガ
Ichthyostega
■古生代デボン紀 ❸

産 グリーンランド 大 全長：1m

がっしりとした肋骨をもつ。陸上生活が可能であったとみられている。後脚の指の数は7本。前脚の指の数は、化石が発見されていないため不明である。

脊椎動物 両生類
ペデルペス
Pederpes
■古生代石炭紀 ❹

産 イギリス 大 全長：1m

初期の陸上四足動物の一つ。接地した指が前を向いた足をもつ脊椎動物としては最古の存在。

脊椎動物 両生類
クラッシギリヌス
Crassigyrinus
■古生代石炭紀 ❹

産 イギリス 大 全長：2m弱

鋭い"牙"をもつ両生類。四肢が短く陸上生活をすることはできなかった。

脊椎動物 両生類
ディアデクテス
Diadectes
■古生代石炭紀 ❹

産 スコットランド 大 全長：3m

最古の植物食陸上脊椎動物。爬虫類的な特徴をあわせもつが、「便宜的」に両生類に分類されている。

産 化石産地　大 大きさ

脊椎動物 両生類
ゲロバトラクス
Gerobatrachus
■古生代ペルム紀 ❹

産 アメリカ　大 全長：11cm

有尾類（イモリの仲間）と無尾類（カエルの仲間）の共通祖先に位置づけられている。カエルのように跳ねることはできなかった。

脊椎動物 両生類
セイムリア
Seymouria
■古生代ペルム紀 ❹

産 アメリカ、ドイツ　大 全長：60cm

ペルム紀前期を代表する両生類の一つ。がっしりとした四肢をもち、これによって体をもち上げることができた。骨盤の特徴は爬虫類と似る。「セイモウリア」とも。

脊椎動物 両生類
ゲロトラックス
Gerrothorax
■中生代三畳紀 ❺

産 ドイツ、グリーンランド、スウェーデン
大 全長：1m

平たい体の両生類。下顎は水平なまま、上顎は50度の角度まで開いたとみられている。

脊椎動物 両生類
クーラスクス
Koolasuchus
■中生代白亜紀 ❼

産 オーストラリア　大 全長：3m

古生代の両生類と多くの共通点をもつ、"古いタイプ"の両生類。半水棲の捕食者だった。なお、上のイラストはジュラ紀の「シデロプス」という両生類の復元図。クーラスクスも同じような姿をしていたとみられている。

脊椎動物 両生類 迷歯類
エリオプス
Eryops
■■古生代石炭紀〜ペルム紀 ❹

産 アメリカ　大 全長：2m

ワニのような顔で、がっしりとした四肢をもつ。背骨も頑丈で、肋骨も幅が広い。「両生類史上最強」といわれる。

脊椎動物 両生類 迷歯類
ウェツルガサウルス
Wetlugasaurus
■中生代三畳紀 ❺

産 グリーンランド、ロシア
大 頭部の大きさ：20cm

二等辺三角形に近い形の頭部を特徴とする、大型の両生類。ワニに似ているが、本種はあくまでも両生類である。「ウェトルガサウルス」とも。

産 化石産地　大 大きさ

脊椎動物 両生類 空椎類
ディプロカウルス
Diplocaulus
■■古生代石炭紀〜ペルム紀 ❹

産 アメリカ、モロッコ　大 全長：1m

ブーメラン型の頭部をもつ両生類。頭部は成長にともなって、左右に広がっていったとみられている。一生を水中で過ごした。

脊椎動物 両生類 空椎類
レティスクス
Lethiscus
■古生代石炭紀 ❹

産 イギリス　大 頭部の大きさ：3cm

進化によって四肢を失ったとみられる両生類。見た目は爬虫類のヘビにそっくりである。

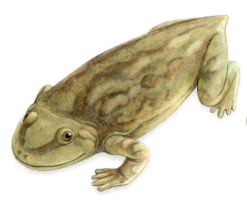

脊椎動物 両生類 平滑両生類 無尾類
トリアドバトラクス
Triadobatrachus
■中生代三畳紀 ❺

産 マダガスカル　大 全長：11cm

知られている限り、最古の無尾類（カエル類）。現生カエル類と同じく下顎に歯がない。一方で、「無尾類」にもかかわらず、小さな尾があるという特徴がある。四肢の長さが等しいのも特徴の一つ。

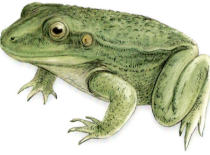

脊椎動物 両生類 平滑両生類 無尾類
ヴィエラエッラ
Vieraella
■中生代ジュラ紀 ❻

産 アルゼンチン　大 頭胴長：3cm

現生の無尾類（カエル類）とほとんど姿がかわらない。

脊椎動物 両生類
平滑両生類 無尾類
プロサリルス
Prosalirus
■中生代ジュラ紀 ❻

産 アメリカ　大 頭胴長：10cm

現生の無尾類（カエル類）とほとんど姿がかわらない。「跳躍を始めたと断言できる最初のカエル」とされる。

脊椎動物 両生類 平滑両生類 無尾類
ベルゼブフォ
Beelzebufo
■中生代白亜紀 ❼

産 マダガスカル　大 頭胴長：41cm

史上最大級のカエル。現生のツノガエル類に近縁だったのではないか、とされる。トカゲなどの小動物、孵化したばかりの恐竜類などを獲物にしていたとみられている。

脊椎動物 爬虫類 側爬虫類

脊椎動物 爬虫類 側爬虫類 パレイアサウルス類
ブノステゴス
Bunostegos
■古生代ペルム紀 ❹

産 ニジェール　大 頭部の大きさ：28cm

頭部に独特の形をした突起をもつ。また、頬が張るという特徴がある。頬に関しては、パレイアサウルス類に共通する特徴でもある。

脊椎動物 爬虫類 側爬虫類
メソサウルス
Mesosaurus
■古生代ペルム紀 ❹

産 ブラジル、ナミビア、南アフリカほか
大 全長：1m

淡水環境に暮らしていた水棲の爬虫類。大陸間を隔てて化石が発見されていることから、大陸移動説の"証拠"の一つとして挙げられる。

カメの甲羅は「地中を進むため」に獲得された?

　カメ類のもつ甲羅は、肋骨が変化してできたものとみられている。特に進化したカメ類において、甲羅は身を守る"鎧（よろい）"としてこれ以上ないほどに完成したものである。
　一体この甲羅は、どのようにして獲得されたのか？ 完成していない、防御力の未熟な初期の甲羅は、カメ類にとって利益があったのだろうか？
　この問いに関する答えはなかなか見つからない。なぜならば、最も古いカメ類であるオドントケリス（▶P.55）は、腹側だけとはいえすでに完成した甲羅をもっているし、次に古いプロガノケリス（▶P.55）は、すでにガチガチの甲羅をもっていた。
　そこで注目されるのが、カメ類に最も近い爬虫類**エウノトサウルス・アフリカヌス**（*Eunotosaurus africanus*）である。
　エウノトサウルス・アフリカヌスは、南アフリカのカルー盆地に分布するペルム紀末（約2億6000万年前）の地層から化石が見つかった。全長は50cmほど。左右に広がった腹部、幅のある肋骨など、"未完成の甲羅"ともいえる構造をもつ。
　アメリカ、デンバー自然科学博物館のタイラー・R・ライソンたちは、2016年に発表した研究で、エウノトサウルスの新標本を分析した。その結果、前脚は土を掘ることに、眼は暗闇の中で暮らすことに適していたと推定された。このことから、ライソンたちは、エウノトサウルスが地中で生活していた可能性を指摘している。幅広の肋骨が体の脇の土を支えることにより、肩と腕を安定させ、地中を力強く掘り進むことができた、というのである。
　この指摘が正しければ、もともと甲羅の原型は防御のために発達したのではなかった、ということになる。

エウノトサウルスの化石。左右に広がった腹部と、そこに並ぶ幅の広い肋骨が目立つ。右は復元図。
(Photo: Tyler R. Lyson)

脊椎動物 爬虫類 双弓類

脊椎動物 爬虫類 双弓類
ロンギスクアマ
Longisquama
- ■中生代三畳紀 ❺
- 産 キルギスタン　大 "鱗"の長さ：15cm

後半身が発見されていない謎の爬虫類。背中に細長くて薄い鱗のような構造が並ぶが、それが何なのかもよくわかっていない。

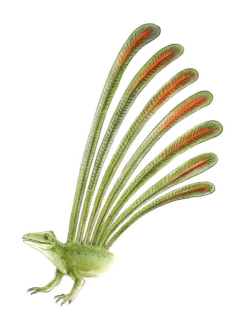

脊椎動物 爬虫類 双弓類 ヨンギナ類

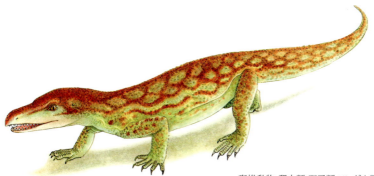

脊椎動物 爬虫類 双弓類 ヨンギナ類
ヨンギナ
Youngina
- ■古生代ペルム紀 ❹
- 産 南アフリカ　大 全長：40cm

トカゲのような姿の爬虫類。昆虫などの小動物を食べていたとみられている。

脊椎動物 爬虫類 双弓類 コリストデラ類

脊椎動物 爬虫類 双弓類 コリストデラ類
チャンプソサウルス
Champsosaurus
■■中生代白亜紀〜新生代古第三紀暁新世 ❽❾

産 アメリカ、カナダ、フランスほか
大 全長：4m

吻部の長いコリストデラ類。その姿は、現生のガビアル類に似ている。

脊椎動物 爬虫類 双弓類 コリストデラ類
シモエドサウルス
Simoedosaurus
■新生代古第三紀暁新世 ❾

産 アメリカ、カナダ、フランスほか
大 全長：5m

吻部の長いコリストデラ類の一つ。幅の広い口蓋にまんべんなく口蓋歯が並ぶ。

脊椎動物 爬虫類 双弓類 コリストデラ類
ラザルスクス
Lazarusuchus
■■新生代古第三紀暁新世〜新第三紀中新世 ❾

産 ヨーロッパ 大 全長：40cm

トカゲに似た姿のコリストデラ類。尾には小さな突起が並んでいた。

脊椎動物 爬虫類 双弓類 魚竜形類　　　　脊椎動物 爬虫類 双弓類 魚竜類

脊椎動物 爬虫類 双弓類 魚竜形類
カートリンカス
Cartorhynchus
■中生代三畳紀 ❺

産 中国　大 全長：40cm

魚竜類の祖先に位置づけられる。現生のアザラシのように、鰭を使って歩行をすることも、遊泳をすることもできたのではないか、とみられている。

脊椎動物 爬虫類 双弓類 魚竜類
チャオフサウルス
Chaohusaurus
■中生代三畳紀 ❺

産 中国　大 全長：60cm

最古級の魚竜類の一つ。のちの時代の魚竜類と比較すると、体が細長く、尾鰭も上下対称の形をしていない。出産途中の化石も発見されており、「頭からの出産」が確認されている。

脊椎動物 爬虫類 双弓類 魚竜類
ウタツサウルス
Utatsusaurus
■中生代三畳紀 ❺

産 日本　大 全長：2m

最古級の魚竜類の一つ。のちの時代の魚竜類と比較すると、体が細長く、尾鰭も上下対称の形をしていない。名前は、現在の宮城県南三陸町の旧町名の一つである「歌津町」に由来。

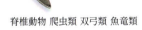

脊椎動物 爬虫類 双弓類 魚竜類
ショニサウルス
Shonisaurus
■中生代三畳紀 ❺

産 カナダ、イタリア、アメリカ
大 全長：21m

史上最大級の魚竜類。幼体のうちしか歯をもっていなかったとされる。シャスタサウルスではないか、という指摘もある。

脊椎動物 爬虫類 双弓類 魚竜類
タラットアルコン
Thalattoarchon
■ 中生代三畳紀 ❺

産 アメリカ　大 全長：8.6m

60cm もの長さのある大きな頭部が特徴。そこには、太くがっしりとした歯が並ぶ。三畳紀中期の海洋生態系に君臨したとみられている。

脊椎動物 爬虫類 双弓類 魚竜類
オフタルモサウルス
Ophthalmosaurus
■■ 中生代ジュラ紀〜白亜紀 ❻

産 イギリス、ロシア、アルゼンチンほか
大 全長：4m

直径20cmオーバーの巨大な眼をもつ魚竜類。たいへん"夜目"がきいたとみられている。

脊椎動物 爬虫類 双弓類 魚竜類
ステノプテリギウス
Stenopterygius
■ 中生代ジュラ紀 ❻

産 ドイツ、フランス、イギリスほか
大 全長：3.7m

現生のイルカに似た典型的な姿をもつ魚竜類の一つ。出産途中の化石が発見されていることも有名で、こうした化石は魚竜類が胎生であることを裏付けている。なお、出産方法は、チャオフサウルスとは異なる「尾から出す」方式。

脊椎動物 爬虫類 双弓類 魚竜類
プラティプテリギウス
Platypterygius
■ 中生代白亜紀 ❼

産 フランス、オーストラリア、アメリカほか
大 全長：7m

"最後の魚竜類"の一つ。長く太い歯をもっていた。

脊椎動物 爬虫類 双弓類 鰭竜類

脊椎動物 爬虫類 双弓類 鰭竜類 板歯類
キアモダス
Cyamodus
■中生代三畳紀 ❺

産 フランス、ドイツ、スイスほか
大 全長：1m強

胴体に前後2枚の甲羅をもつ。甲羅をもつ動物は少なくないが、「2枚の甲羅」というのは珍しい。

脊椎動物 爬虫類 双弓類 鰭竜類 板歯類
プラコダス
Placodus
■中生代三畳紀 ❺

産 ドイツ、イスラエル、イタリアほか
大 全長：1.5m

饅頭をつぶして平たくしたような、独特の形状の歯をもっている。浅海で暮らし、海底の腕足動物や二枚貝などを食していたようだ。

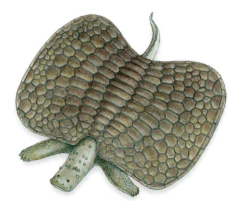

脊椎動物 爬虫類 双弓類 鰭竜類 板歯類
ヘノダス
Henodus
■中生代三畳紀 ❺

産 ドイツ　大 全長：1m

四角形の甲羅をもつ。カメのように見えるかもしれないが、カメではない。

脊椎動物 爬虫類 双弓類 鰭竜類 偽竜類
ノトサウルス
Nothosaurus
■中生代三畳紀 ❺

産 ブルガリア、中国、イスラエルほか
大 全長：3m

海棲爬虫類の一つで、世界中から化石が発見されている。鋭い歯をもち、前歯は防御用に、奥歯は獲物の保持に使っていたとされる。四肢は鰭ではないが、指の間には水かきがあったとみられている。

脊椎動物 爬虫類 双弓類 鰭竜類 偽竜類
ケイチョウサウルス
Keichousaurus
■中生代三畳紀 ❺

産 中国　大 全長：30cm

海棲爬虫類の一つ。ただし、四肢は鰭状にはなっておらず、指をもっていた。胎生と考えられている。

脊椎動物 爬虫類 双弓類 鰭竜類 ピストサウルス類
ユングイサウルス
Yunguisaurus
■中生代三畳紀 ❺

産 中国　大 全長：4m

海棲爬虫類の一つ。ノトサウルスとよく似ているが、四肢が鰭になっているという点が大きく異なる。

脊椎動物 爬虫類 双弓類 鰭竜類 クビナガリュウ類
プレシオサウルス
Plesiosaurus
■中生代ジュラ紀 ❻

産 イギリスほか
大 全長：3m

典型的な姿のクビナガリュウ類の一つ。中生代の海でおおいに繁栄した。

脊椎動物 爬虫類 双弓類 鰭竜類 クビナガリュウ類
リオプレウロドン
Liopleurodon
■中生代ジュラ紀 ❻

産 フランス、イギリス、ロシアほか
大 全長：12m 以上

「首の短いクビナガリュウ類」とよばれる種類の一つ。直径3cm 以上、高さ20cm 以上の円錐形の歯をもっていた。

脊椎動物 爬虫類 双弓類 鰭竜類 クビナガリュウ類
ロマレオサウルス
Rhomaleosaurus
■中生代ジュラ紀 ❻

産 イギリス　大 全長：7m

「首の短いクビナガリュウ類」とよばれる種類の一つ。

脊椎動物 爬虫類 双弓類 鰭竜類 クビナガリュウ類
ペロネウステス
Peloneustes
■中生代ジュラ紀 ❻

産 イギリス
大 全長：3m

「首の短いクビナガリュウ類」とよばれる種類の一つ。

脊椎動物 爬虫類 双弓類 鰭竜類 クビナガリュウ類
ポリコティルス
Polycotylus
■中生代白亜紀 ❽

産 アメリカ、ロシア　大 全長：5m

48ページのエラスモサウルスやフタバサウルスほど首は長くなく、クロノサウルスやメガケファロサウルスほど頭は大きくないクビナガリュウ類。吻部が長い。胎児を伴う化石が発見されている。

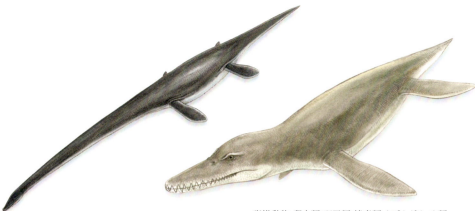

脊椎動物 爬虫類 双弓類 鰭竜類 クビナガリュウ類
エラスモサウルス
Elasmosaurus
■中生代白亜紀　❽

産 アメリカ、日本ほか
大 全長：12m

全長の半分近くが首である。クビナガリュウ類の代表的な存在。

脊椎動物 爬虫類 双弓類 鰭竜類 クビナガリュウ類
クロノサウルス
Kronosaurus
■中生代白亜紀　❼

産 オーストラリア、コロンビア
大 全長：12.8m

いわゆる「首の短いクビナガリュウ類」の一つ。「首の長いクビナガリュウ類」やカメ類などを獲物にしていたとみられている。

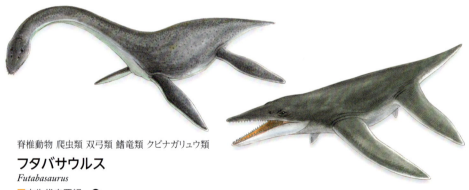

脊椎動物 爬虫類 双弓類 鰭竜類 クビナガリュウ類
フタバサウルス
Futabasaurus
■中生代白亜紀　❼

産 日本　大 全長：9.2m

「フタバスズキリュウ」の和名でも知られる日本固有のクビナガリュウ類。学名は種小名まで書くと「フタバサウルス・スズキイ（*Futabasaurus suzukii*）」となる。

脊椎動物 爬虫類 双弓類 鰭竜類 クビナガリュウ類
メガケファロサウルス
Megacephalosaurus
■中生代白亜紀　❽

産 アメリカ　大 頭骨の長さ：1.5m

いわゆる「首の短いクビナガリュウ類」の一つで、クロノサウルスに近縁。すばらしい保存状態の頭骨が見つかっている。

脊椎動物 爬虫類 双弓類 鱗竜形類

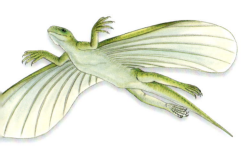

脊椎動物 爬虫類 双弓類 鱗竜形類 クエネオサウルス類
イカロサウルス
Icarosaurus
■中生代三畳紀 ❺

産 アメリカ　大 全長：20cm

滑空性の爬虫類。肋骨を広げて翼をつくっていたとみられている。クエネオサウルス類のなかでは小型である。

脊椎動物 爬虫類 双弓類 鱗竜形類
クエネオサウルス類
クエネオサウルス
Kuehneosaurus
■中生代三畳紀 ❺

産 イギリス　大 全長：70cm

滑空性の爬虫類。肋骨を広げて翼をつくっていたとみられている。クエネオサウルス類のなかでは、翼が小さい。

脊椎動物 爬虫類 双弓類 鱗竜形類
クエネオサウルス類
クエネオスクース
Kuehneosuchus
■中生代三畳紀 ❺

産 イギリス　大 全長：70cm

滑空性の爬虫類。肋骨を広げて翼をつくっていたとみられている。クエネオサウルス類のなかでは、翼が大きい。

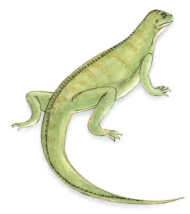

脊椎動物 爬虫類 双弓類 鱗竜形類 有鱗類
クワジマーラ
Kuwajimalla
■中生代白亜紀　❼

産 日本　大 全長：30cm

「(加賀の)桑島の乙女」に由来する名前をもつ。世界最古の植物食トカゲとされる。

脊椎動物 爬虫類 双弓類 鱗竜形類 有鱗類
ヤベイノサウルス
Yabeinosaurus
■中生代白亜紀　❼

産 中国　大 全長：30cm

陸棲爬虫類として胎生が確認できる最古の種。少なくとも15個の胚をもっていたことが確認されている。

脊椎動物 爬虫類 双弓類 鱗竜形類 有鱗類
ドリコサウルス類
カガナイアス
Kaganaias
■中生代白亜紀　❼

産 日本　大 全長：50cm

「加賀の水の妖精」という意味の名をもつ。胴体が極端に長いトカゲ。

脊椎動物 爬虫類 双弓類
鱗竜形類 有鱗類 モササウルス類
クリダステス
Clidastes
■中生代白亜紀　❽

産 アメリカ、スウェーデンほか
大 全長：5m

初期のモササウルス類。沿岸に近い場所で暮らしていたとみられている。細い顎に、小さく鋭い歯をもつ。

脊椎動物 爬虫類 双弓類
鱗竜形類 有鱗類 モササウルス類

グロビデンス
Globidens
■中生代白亜紀　❽

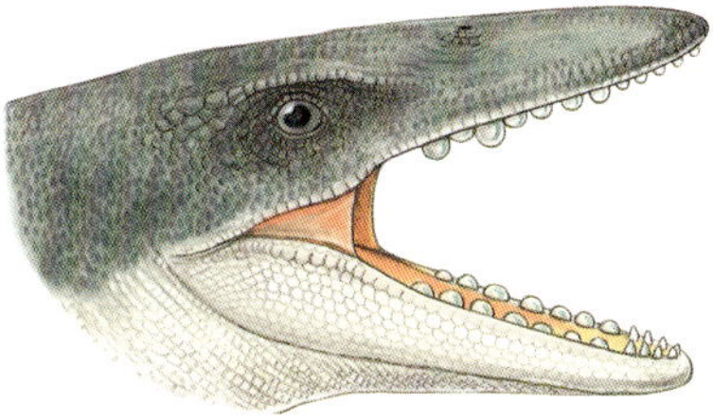

産 アメリカ、モロッコ、シリアほか
大 全長：6m

まるで松茸のような形の歯をもつモササウルス類。二枚貝類などの殻を砕いて食べていたとみられている。

脊椎動物 爬虫類 双弓類
鱗竜形類 有鱗類 モササウルス類

ティロサウルス
Tylosaurus
■中生代白亜紀　❽

産 アメリカ、スウェーデン、ヨルダンほか
大 全長：14m

最大級のモササウルス類。白亜紀末期には「最強にして最恐」ともいえる存在になっていた。

脊椎動物 爬虫類 双弓類
鱗竜形類 有鱗類 モササウルス類

プラテカルプス
Platecarpus
■中生代白亜紀　❽

産 アメリカ、スウェーデン、モロッコほか
大 全長：6m

モササウルス類はかつて、大きなトカゲのような姿で復元されていたが、本種の分析をきっかけに「尾鰭のある姿」として復元されるようになった。

夜行性のモササウルス類
フォスフォロサウルス・ポンペテレガンス

　2015年、アメリカ、シンシナティ大学の小西卓哉たちは、北海道むかわ町穂別に分布する白亜紀末期の地層から発見された化石を「新種のモササウルス類」として報告した。**フォスフォロサウルス・ポンペテレガンス**（*Phosphorosaurus ponpetelegans*）と命名されたこのモササウルス類は、日本産のモササウルス類としては、4種目となる報告である。

　発見されたフォスフォロサウルス・ポンペテレガンスの化石は、頭骨の約8割が変形せずに残った"良いもの"だったという。研究チームの一人であり、発見者でもある西村智弘が所属する穂別博物館のプレスリリースでは、「世界でも屈指のモササウルス類資料」として紹介されている。

　この頭骨の化石を詳細に分析したところ、フォスフォロサウルス・ポンペテレガンスの眼の配置や頭骨の形が、「両眼視」を可能とするものだったことが明らかになった。モササウルス類のなかで「両眼視ができた」と報告されたのははじめてである。これまでに知られているモササウルス類、たとえば、モササウルス・ミズーリエンシス（*Mosasaurus missouriensis*）などでは、左右の眼の視界が重なる範囲が狭く、また、眼窩よりも前の骨がその視界を妨げるために、両眼視は成りたたないという。対して、フォスフォロサウルス・ポンペテレガンスは、左右の眼の視界の重なる範囲が広く、そして鼻面が低いなどの特徴があったのだ。

　さらに、フォスフォロサウルス・ポンペテレガンスは、モササウルス類のなかの「ハリサウルス類」というグループに分類されることがわかった。北西太平洋地域からははじめてのハリサウルス類の報告である。

　ハリサウルス類は胴が長く、鰭が発達していない、すなわち、「遊泳を得意としない」タイプのモササウルス類だ。

　つまり、フォスフォロサウルス・ポンペテレガンスも、泳ぐのが得意ではなかったということになる。一体どのような生活をしていたのか？

　じつは、モササウルス類に近縁とされるヘビ類では、現生種の観察結果から、両眼視が発達した種は夜行性であることが知られている。

　このことから、小西たちは、フォスフォロサウルス・ポンペテレガンスが夜行性であった可能性を指摘している。遊泳を得意とするモササウルス類たちが休んでいる夜間に、両眼視を駆使して獲物を狩っていたのではないか、というわけだ。

フォスフォロサウルス・ポンペテレガンスの頭骨の復元模型。左は復元図。
（Photo：むかわ町穂別博物館）

脊椎動物 爬虫類 双弓類 鱗竜形類
有鱗類 ヘビ類
パキラキス
Pachyrhachis
■中生代白亜紀 ❼

産 イスラエル 大 全長：1.5m

後脚のあるウミヘビ。

脊椎動物 爬虫類 双弓類 鱗竜形類
有鱗類 ヘビ類
ナジャシュ
Najash
■中生代白亜紀 ❼

産 アルゼンチン 大 全長：2m

後脚のあるヘビ。

脊椎動物 爬虫類 双弓類 鱗竜形類
有鱗類 ヘビ類
サナジェ
Sanajeh
■中生代白亜紀 ❼

産 インド 大 全長：3.5m

恐竜類（竜脚類）の卵を襲い、食べていたとされるヘビ類。

脊椎動物 爬虫類 双弓類 鱗竜形類
有鱗類 ヘビ類
ティタノボア
Titanoboa
■新生代古第三紀暁新世 ❾

産 コロンビア 大 全長：13m

史上最大のヘビ。体重は1tをこえたとみられている。

四足をもつヘビ類　テトラポドフィス

　53ページのパキラキスとナジャシュは、どちらも「後脚のあるヘビ」だ（パキラキスはウミヘビ）。ヘビ類が爬虫類である以上、祖先はトカゲのような四足動物であることは間違いない。
　ヘビ類はいつ、どこで、足を失ったのか。その謎を解くため、"四足のあるヘビ"の化石の発見が待ち望まれていた。
　2015年、イギリス、ポーツマス大学のデイヴィッド・M・マーティルたちは、ブラジルに分布する約1億2000万年前の地層から、その"待ち望まれていた化石"を報告した。**テトラポドフィス**（*Tetrapodophis*）と名付けられた全長20cmほどのこの爬虫類は、細長い体に小さな前脚と後脚をもっていたのだ。マーティルたちは、テトラポドフィスが"脚なし"になる直前のヘビの姿であると指摘した。つまり、ヘビ類は長い体をもったのち、まず、前脚を消失し、次いで後脚を消失したということになる。
　また、テトラポドフィスの骨格には、「穴を掘る」ことに適したつくりがあった。ヘビ類の進化においては、「海で脚を失った」という説と「陸で地中を進むことで脚を失った」という説があり、テトラポドフィスは、後者の説を支持する有力な証拠とみなされる……はずだった。
　2016年秋にアメリカで開催された学会で「テトラポドフィスはヘビのように見えてもヘビではない」ことが指摘された。この指摘によれば、ヘビ類ではなくドリコサウルス類に分類されるということだ。カガナイアス（▶P.50）と同じグループである。本書執筆時点（2017年5月）では、この指摘は論文として出版されていないので、いわゆる"公式情報"ではない。今後、議論がどのように展開されるのか。ヘビの進化から、まだまだ目が離せそうにない。

上段：テトラポドフィスの化石。左方向が頭部。前脚、後脚のほか、消化管の内容物（後脚の近く）も確認できる。
下段：上の写真で四角く囲った部分の拡大。前脚を確認できる。
（Photo：Helmut Tischlinger）

テトラポドフィスの復元図。

脊椎動物 爬虫類 双弓類 カメ類

脊椎動物 爬虫類 双弓類 カメ類
オドントケリス
Odontochelys
- ■ 中生代三畳紀 ❺
- 産 中国　大 全長：38cm

知られている限り、最古のカメ類。腹側のみに甲羅がある。水棲のカメであるとみられているが、異論もある。

脊椎動物 爬虫類 双弓類 カメ類
プロガノケリス
Proganochelys
- ■ 中生代三畳紀 ❺
- 産 ドイツ、グリーンランド、タイ
- 大 全長：1m

陸棲のカメ。オドントケリスよりも1000万年ほど新しい。背・腹ともにがっしりとした甲羅をもち、首や尾にも骨の板があった。手足首尾を甲羅内に収納することはできなかったとみられている。

脊椎動物 爬虫類 双弓類 カメ類
アーケロン
Archelon
- ■ 中生代白亜紀 ❽
- 産 アメリカ　大 全長：3.5m

史上最大のカメ類。海棲ではあったが、分布域は限定的だった。

脊椎動物 爬虫類 双弓類 主竜類 クルロタルシ類

脊椎動物 爬虫類 双弓類 主竜類
クルロタルシ類 アエトサウルス類
アエトサウルス
Aetosaurus
■中生代三畳紀 ❺

産 ドイツ、グリーンランド、イタリアほか
大 全長：1.5m

非常に広範囲の地域から化石が見つかるクルロタルシ類。背中には装甲が並び、高い防御力があったとみられている。アエトサウルス類に属する種は、植物食性だったとみられている。

脊椎動物 爬虫類 双弓類 主竜類
クルロタルシ類 アエトサウルス類
アエトサウロイデス
Aetosauroides
■中生代三畳紀 ❺

産 アルゼンチン、ブラジル　大 全長：3m

スタゴノレピスと非常によく似たクルロタルシ類。同種ではないか、という指摘もある。

脊椎動物 爬虫類 双弓類 主竜類
クルロタルシ類 アエトサウルス類
スタゴノレピス
Stagonolepis
■中生代三畳紀 ❺

産 ポーランド、イギリス、アメリカ
大 全長：2.7m

非常に広範囲の地域から化石が見つかるクルロタルシ類。吻部がつぶれていることが特徴。この吻部は、植物の根を掘り起こすために使われていた、という説がある。

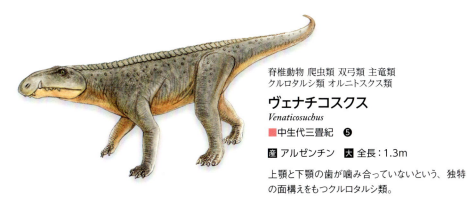

脊椎動物 爬虫類 双弓類 主竜類
クルロタルシ類 オルニトスクス類

ヴェナチコスクス
Venaticosuchus

■中生代三畳紀 ❺

産 アルゼンチン 大 全長：1.3m

上顎と下顎の歯が噛み合っていないという、独特の面構えをもつクルロタルシ類。

脊椎動物 爬虫類 双弓類 主竜類
クルロタルシ類 ポポサウルス類

アリゾナサウルス
Arizonasaurus

■中生代三畳紀 ❺

産 アメリカ 大 全長：3m

クルロタルシ類のなかでは最古級の存在。背中の帆が最大の特徴で、口には鋭い歯が並んでいた。

脊椎動物 爬虫類 双弓類 主竜類
クルロタルシ類 ポポサウルス類

エフィギア
Effigia

■中生代三畳紀 ❺

産 アメリカ 大 全長：3m

走行性のクルロタルシ類。歯がない。

脊椎動物 爬虫類 双弓類 主竜類 クルロタルシ類
スフェノスクス類

シュードヘスペロスクス
Pseudohesperosuchus
■中生代三畳紀 ❺

産 アルゼンチン　大 全長：1m

現生ワニ類に近縁のクルロタルシ類。脚が長く、そのため、走行速度も速く、ハンティングが得意だったとみられている。

脊椎動物 爬虫類 双弓類 主竜類
クルロタルシ類 ラウィスクス類

サウロスクス
Saurosuchus
■中生代三畳紀 ❺

産 アルゼンチン、アメリカ　大 全長：5m

三畳紀の陸上世界に君臨したクルロタルシ類のなかでも、とくに大型で、迫力のある顎をもつ。

脊椎動物 爬虫類 双弓類 主竜類
クルロタルシ類 ラウィスクス類

ファソラスクス
Fasolasuchus
■中生代三畳紀 ❺

産 アルゼンチン　大 全長：10m

三畳紀の陸上世界に君臨したクルロタルシ類のなかで最大級の存在。迫力の顎をもつ。同じラウィスクス類であるサウロスクスの出現から2000万年ほどのちに現れた。

脊椎動物 爬虫類 双弓類 主竜類
クルロタルシ類 ワニ形類
プロトスクス
Protosuchus
■中生代ジュラ紀 ❻

産 アメリカ、ポーランド、レソトほか
大 全長：1m

現生の正鰐類に連なるとされる爬虫類。脚の付き方や、背中の鱗の列数などが、現生の正鰐類とは異なる。

脊椎動物 爬虫類 双弓類 主竜類
クルロタルシ類 ワニ形類
エウトレタウラノスクス
Eutretauranosuchus
■中生代ジュラ紀 ❻

産 アメリカ　大 全長：1.8m

原始的なワニ形類は口蓋前方に内鼻孔があるのに対し、進化型の現生ワニ類は口蓋後方に内鼻孔がある。本種は、内鼻孔が後方に近くなっているという点で、ワニに関する進化のポイントとして注目されている。

脊椎動物 爬虫類 双弓類 主竜類
クルロタルシ類 ワニ形類
ゴニオフォリス
Goniopholis
■■中生代ジュラ紀～白亜紀 ❻

産 アメリカ、エチオピア、フランスほか
大 全長：3m

水辺で暮らすワニ形類としては最初期のものとされており、その生態は、現生のクロコダイルなどに似るという。小型の恐竜も獲物になったとみられている。

脊椎動物 爬虫類 双弓類 主竜類
クルロタルシ類 ワニ形類
ベルニサルティア
Bernissartia
■■中生代ジュラ紀～白亜紀 ❼

産 ベルギー、スペイン、アメリカほか
大 全長：60cm

背中の鱗板骨が4列あるワニ形類。現生の正鰐類誕生の直前にいた種とみられている。

脊椎動物 爬虫類 双弓類 主竜類 クルロタルシ類
ワニ形類

サルコスクス
Sarcosuchus
■中生代白亜紀　❼

産 ニジェール、ブラジル、モロッコほか
大 全長：12m

「スーパークロク（巨大ワニ）」の異名をもつワニ。
巨体であること以外に、長い吻部も特徴である。

脊椎動物 爬虫類 双弓類 主竜類 クルロタルシ類
ワニ形類 メトリオリンクス類

ゲオサウルス
Geosaurus
■■中生代ジュラ紀〜白亜紀　❻

産 ドイツ、イギリス、アルゼンチンほか
大 全長：2m

完全に海棲適応したワニ形類で、メトリオリンクス
の近縁種。メトリオリンクスと入れ替わるように出
現した。

脊椎動物 爬虫類 双弓類 主竜類 クルロタルシ類
ワニ形類 メトリオリンクス類

ダコサウルス
Dakosaurus
■■中生代ジュラ紀〜白亜紀　❻

産 アルゼンチン、フランス、イギリスほか
大 全長：4m

完全に海棲適応したワニ形類。吻部が寸詰まり
になっている。海棲ワニ形類の多様性の例を示
す1種だ。

脊椎動物 爬虫類 双弓類 主竜類 クルロタルシ類
ワニ形類 メトリオリンクス類

メトリオリンクス
Metriorhynchus
■中生代ジュラ紀 ❻

産 アルゼンチン、フランス、イギリスほか
大 全長：3m

完全に海棲適応したワニ形類。吻部(ふんぶ)が細長く流線型で、背には鱗板骨(りんばん)をもたない。四肢も鰭(ひれ)のようになっており、尾の先には尾鰭があった。

脊椎動物 爬虫類 双弓類 主竜類 クルロタルシ類
ワニ形類 正鰐類

デイノスクス
Deinosuchus
■■■中生代白亜紀～新生代新第三紀 ❽

産 アメリカ、メキシコ　大 全長：12m

アメリカアリゲーターとよく似ているが、とにかく巨大。恐竜類などを襲っていたようだ。

脊椎動物 爬虫類 双弓類 主竜類 クルロタルシ類
ワニ形類 正鰐類

トヨタマフィメイア・マチカネンシス
Toyotamaphimeia machikanensis
■新生代第四紀 ❿

産 日本　大 全長：7.7m

大阪府豊中市待兼山から化石が見つかった本州最大のワニ。「マチカネワニ」の名でも知られる。クロコダイルの仲間に分類される。

脊椎動物 爬虫類 双弓類 主竜類 翼竜類

脊椎動物 爬虫類 双弓類 主竜類 翼竜類
エウディモルフォドン
Eudimorphodon
■中生代三畳紀　❺

産 フランス、イタリア、ルクセンブルクほか
大 翼開長：1m

初期の翼竜類の代表種。小さな頭、長い尾が特徴。奥歯に三つから五つの峰がある。魚食性。

脊椎動物 爬虫類 双弓類 主竜類 翼竜類
プレオンダクティルス
Preondactylus
■中生代三畳紀　❺

産 イタリア　大 翼開長：50cm

初期の翼竜類の代表種。小さな頭、長い尾が特徴である。

脊椎動物 爬虫類 双弓類 主竜類 翼竜類
アヌログナトゥス
Anurognathus
■中生代ジュラ紀　❻

産 ドイツ　大 翼開長：50cm

短い尾と、寸詰まりの吻部が特徴の翼竜類。

脊椎動物 爬虫類 双弓類 主竜類 翼竜類
ドリグナトゥス
Dorygnathus
- ■ 中生代ジュラ紀 ❻
- 産 ドイツ、フランス
- 大 翼開長：2m

頭が小さく尾が長いタイプの翼竜類としては、ランフォリンクスと並んで比較的大型である。

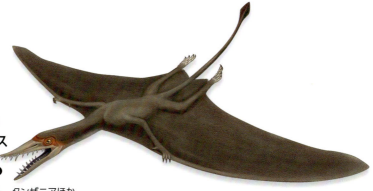

脊椎動物 爬虫類 双弓類 主竜類 翼竜類
ランフォリンクス
Rhamphorhynchus
- ■ 中生代ジュラ紀 ❻
- 産 ドイツ、ポルトガル、タンザニアほか
- 大 翼開長：2m

小さい頭に長い尾という特徴をもつタイプの翼竜類の代表的な存在。年齢を重ねると、吻部が長くなっていった。

脊椎動物 爬虫類 双弓類 主竜類 翼竜類
ダーウィノプテルス
Darwinopterus
- ■ 中生代ジュラ紀 ❻
- 産 中国 大 全長：90cm

翼竜類のなかでも、より原始的な「頭が小さく尾が長いタイプ」と、より進化的な「頭が大きく尾が短いタイプ」の両方の特徴をもつ。両タイプの進化を繋ぐ"ミッシングリンク"であると考えられている。

脊椎動物 爬虫類 双弓類 主竜類 翼竜類
クテノカスマ
Ctenochasma

■■中生代ジュラ紀～白亜紀 ❻

産 ドイツ、フランス　大 翼開長：1.5m 未満

260本もの細い歯が、クチバシの外に向かって生えている。軟組織でできたトサカがあったのではないか、という指摘もある。

脊椎動物 爬虫類 双弓類 主竜類 翼竜類
プテロダクティルス
Pterodactylus

■■中生代ジュラ紀～白亜紀 ❻

産 ドイツ、イギリス、タンザニアほか
大 翼開長：1m 未満

頭部が大きく、尾が短いというタイプの翼竜の代表的存在。

脊椎動物 爬虫類 双弓類 主竜類 翼竜類
アンハングエラ
Anhanguera

■中生代白亜紀 ❽

産 ブラジル、オーストラリア、イギリス
大 翼開長：5m

吻部の先端が上下ともに薄く盛り上がり、トサカ状になっている。その吻部には、太くて鋭い歯が並ぶ。

脊椎動物 爬虫類 双弓類 主竜類 翼竜類
イクランドラコ
Ikrandraco
■中生代白亜紀 ❼

産 中国　大 頭骨の大きさ：29cm

下顎だけにトサカをもつ、という独特の特徴がある翼竜類。喉袋をもっていた可能性も指摘されている。

脊椎動物 爬虫類 双弓類 主竜類 翼竜類
カイウアジャラ
Caiuajara
■中生代白亜紀 ❽

産 ブラジル　大 翼開長：2.35m

66ページのツパンダクティルスに似たトサカをもつ翼竜類。さまざまな世代の個体の化石が同じ場所から発見されていることから、群れで生活していたのではないか、とみられている。

脊椎動物 爬虫類 双弓類 主竜類 翼竜類
ケツァルコアトルス
Quetzalcoatlus
■中生代白亜紀 ❼

産 アメリカ　大 翼開長：10m

全身像が復元されている翼竜類としては、最大級。研究者によって体重の見積りに差があり、飛行様式などについてもまだ謎が多い。

脊椎動物 爬虫類 双弓類 主竜類 翼竜類
タペジャラ
Tapejara
■ 中生代白亜紀　❽

産 ブラジル　産 翼開長：1.5m

前頭部と下顎のそれぞれに骨質の小さな
トサカがあった。

脊椎動物 爬虫類 双弓類 主竜類 翼竜類
タラッソドロメウス
Thalassodromeus
■ 中生代白亜紀　❽

産 ブラジル　大 翼開長：4.5m

後頭部に飛行機の垂直尾翼のような、
骨質のトサカをもっていた。

脊椎動物 爬虫類 双弓類 主竜類 翼竜類
ツパンダクティルス
Tupandactylus
■ 中生代白亜紀　❽

産 ブラジル　大 翼開長：3m

後頭部に高さ50cmにおよぶ大きな"帆"をもつ。

脊椎動物 爬虫類 双弓類 主竜類 翼竜類
トゥプクスアラ
Tupuxuara
- ■中生代白亜紀 ❽

産 ブラジル　大 翼開長：4m

後頭部に丸みを帯びた骨質のトサカをもっていた。

脊椎動物 爬虫類 双弓類 主竜類 翼竜類
ニクトサウルス
Nyctosaurus
- ■中生代白亜紀 ❽

産 ブラジル、アメリカ　大 翼開長：4m

後頭部にY字型のトサカをもつ翼竜類。

脊椎動物 爬虫類 双弓類 主竜類 翼竜類
プテラノドン
Pteranodon
- ■中生代白亜紀 ❽

産 アメリカ　大 翼開長：7m

口には歯がなく、頭頂部に板状のトサカをもつ翼竜類。翼開長とトサカが小さな個体も多く、性的二型があるとみられている。

脊椎動物 爬虫類 双弓類 主竜類 恐竜形類
プロロトダクティルス
Prorotodactylus
■中生代三畳紀 ❺

産 ポーランド、フランス　大 足跡の大きさ：5cm

「プロロトダクティルス」は、生物ではなく足跡化石につけられた名前である。その足跡にもとづいて、イエネコほどの大きさの、四肢の長い爬虫類が復元されている。

脊椎動物 爬虫類 双弓類 主竜類 恐竜類
竜盤類？
フレングエリサウルス
Frenguellisaurus
■中生代三畳紀 ❺

産 アルゼンチン　大 全長：7m

ヘルレラサウルスと同一という説もある。腕は短い一方で、手は長いという特徴をもつ。肉食性。

脊椎動物 爬虫類 双弓類 主竜類 恐竜類
竜盤類？
ヘルレラサウルス
Herrerasaurus
■中生代三畳紀 ❺

産 アルゼンチン　大 全長：6m

足の第1指が長い、肩の近くの椎骨が短いなど、独特の特徴があり、そのために詳細な分類が定まっていない。

脊椎動物 爬虫類 双弓類 主竜類 恐竜類
竜盤類 獣脚類
エオドロマエウス
Eodromaeus
■中生代三畳紀 ❺

産 アルゼンチン　大 全長：1m

最古級の獣脚類。すべての肉食恐竜の原始的な存在ともいえる。

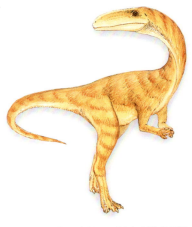

脊椎動物 爬虫類 双弓類 主竜類 恐竜類
竜盤類 獣脚類

コエロフィシス
Coelophysis
■■中生代三畳紀〜ジュラ紀 ❺

産 アメリカ、ジンバブエ、南アフリカほか
大 全長：3m

首と尾の長い、小型の肉食恐竜。大規模な群れをつくっていた可能性も指摘されている。

脊椎動物 爬虫類 双弓類 主竜類 恐竜類
竜盤類 獣脚類

アロサウルス
Allosaurus
■■中生代ジュラ紀〜白亜紀？ ❻

産 アメリカ、ポルトガル、フランス
大 全長：8.5m

ジュラ紀の肉食恐竜としては最大級の一つ。比較的細身で前脚が長い。"ジュラ紀の王者"として名高い。

脊椎動物 爬虫類 双弓類 主竜類 恐竜類
竜盤類 獣脚類

アンキオルニス
Anchiornis
■中生代ジュラ紀 ❻

産 中国 大 全長：40cm

羽毛が確認されている恐竜の一つ。羽毛の分析が進んでおり、全身の色や、頬に斑点があったことなども推測されている。

脊椎動物 爬虫類 双弓類 主竜類 恐竜類
竜盤類 獣脚類

コンプソグナトゥス
Compsognathus

■中生代ジュラ紀 ❻

産 ドイツ、フランス、ポルトガル
大 全長：1.25m

「コンピー」の愛称をもつ小型の肉食恐竜。

脊椎動物 爬虫類 双弓類 主竜類 恐竜類
竜盤類 獣脚類

ジュラヴェナトル
Juravenator

■中生代ジュラ紀 ❻

産 ドイツ　大 全長：75cm

幼体の標本のみ知られている。成体のサイズは不明。尾の周囲に鱗をもつことが特徴。夜行性であったともいわれている。

脊椎動物 爬虫類 双弓類 主竜類 恐竜類
竜盤類 獣脚類

シンラプトル
Sinraptor

■中生代ジュラ紀 ❻

産 中国　大 全長：8m

ジュラ紀の肉食恐竜としては最大級の種の一つ。比較的細身で前脚が長い。共食いをしていたのではないか、とされる。

脊椎動物 爬虫類 双弓類 主竜類 恐竜類
竜盤類 獣脚類

スキウルミムス
Sciurumimus

■中生代ジュラ紀 ❻

産 ドイツ　大 全長：70cm

幼体の標本のみ知られている。成体のサイズは不明。尾の付け根など、少なくとも体の一部にフィラメント状の羽毛があったことが確認されている。

脊椎動物 爬虫類 双弓類 主竜類 恐竜類
竜盤類 獣脚類

トルボサウルス
Torvosaurus

■中生代ジュラ紀 ❻

産 アメリカ、中国、ポルトガル　大 全長：9m

ジュラ紀の肉食恐竜としては最大級。ヨーロッパにおける最大の捕食動物として知られている。

脊椎動物 爬虫類 双弓類 主竜類 恐竜類
竜盤類 獣脚類

リムサウルス
Limusaurus

■中生代ジュラ紀 ❻

産 中国　大 全長：2m

親指が異様に短いことを特徴とする。グアンロン(▶ P.78)と一緒に化石が発見されている。

リムサウルスは、成長とともに歯を失った

　獣脚類リムサウルスは、「歯がない恐竜」として知られている。中国、首都師範大学の王爍(ワンシュオ)たちは、新たに発見された19個体のリムサウルスの化石を分析し、その成果を2016年に発表した。

　王たちが分析の対象としたのは、一か所からまとまって発見された化石である。おそらく何らかの"デス・トラップ"にはまったものとみられた。19個体は幼体から成体までそろっており、リムサウルスの成長段階を追うには最適だった。

　歯がないことで知られるリムサウルスだが、その幼体の化石を見ると、小さくて鋭い歯が並んでいることが確認できた。その歯の形状から、リムサウルスの幼体は肉食、あるいは雑食性だったと王たちはみている。そして、成長にともなって歯は失われ、おそらく亜成体の段階で、食性は植物食へ変化したと指摘した。リムサウルスの成体が植物食であるという見方は、胃石をもっていたということ、そして、安定同位体のデータからも示唆されるという。

　成長にともなって食性が変わる。これまでにも大なり小なりほかの恐竜でも指摘されていることだ。意外と普通のことだったのかもしれないが、一般化するにはまだまだ証拠が必要だろう。

皮膜をもった獣脚類　イー

　20世紀末にシノサウロプテリクス（▶ P.74）が発見されて以来、獣脚類の恐竜たちは羽毛に包まれた体で復元されることが多くなった。そうした復元には、大小さまざまな翼をもっているように描かれることも少なくない。実際、そうした翼は一部の恐竜の化石に確認されている。「羽根」によって構成された翼は、現生鳥類にも受け継がれている。

　一方、現代の飛行動物には、コウモリの仲間のように、「羽根」ではなく「皮膜」でできた翼をもつものがいる。古生物において、これと同じ翼をもつのは、翼竜類が代表だ。恐竜類は羽根の翼、翼竜類は皮膜の翼。だれが明言したわけでもないだろうが、それが暗黙の了解だった。

　2015年、その了解を覆す化石が、中国科学院の徐星たちによって報告された。その化石は、中国河北省に分布するジュラ紀の地層から発見された、全長60cmほどの獣脚類である。大きな特徴として、両手首から「尖筆状突起」とよばれる杖のような細い骨がのび、そして、その骨と手の間に、羽毛ではない膜が確認されたのである。これにより、徐星たちはこの獣脚類が皮膜でできた翼をもっていたと結論した。その獣脚類は、「イー・チー（Yi qi）」と名付けられた。属名の「Yi」は「翼」、種小名の「qi」は「奇妙な」を意味している。恐竜類の翼は、これまで考えられていたよりもずっと多様だったのかもしれない。

20mm

イーの化石。暗灰色に見える部分は、皮膜と羽毛である。左は復元図。
（Photo：徐 星）

脊椎動物　爬虫類　双弓類　主竜類　恐竜類
竜盤類　獣脚類

オヴィラプトル
Oviraptor
■中生代白亜紀　❼

産 モンゴルほか　大 全長：1.6m

「卵泥棒」の名前をもつが、実際には自分の卵を温めていただけ、という"濡れ衣"を着せられた獣脚類。歯をもたず、クチバシが発達する。頭頂部のトサカも特徴の一つ。

脊椎動物 爬虫類
双弓類 主竜類 恐竜類
竜盤類 獣脚類

オルニトミムス
Ornithomimus
■中生代白亜紀 ❽

産 アメリカ、カナダ　大 全長：3.5m

いわゆる「ダチョウ型恐竜」の一つ。俊足で知られている。恐竜類における翼の役割を考えるうえで、鍵となる種とされる。

脊椎動物 爬虫類
双弓類 主竜類 恐竜類
竜盤類 獣脚類

カウディプテリクス
Caudipteryx
■中生代白亜紀 ❼

産 中国　大 全長：1m

尾の先に羽根が確認された小型の恐竜。

脊椎動物 爬虫類 双弓類 主竜類 恐竜類
竜盤類 獣脚類

ガリミムス
Gallimimus
■中生代白亜紀 ❼

産 モンゴル、ウズベキスタン　大 全長：6m

「ダチョウ型恐竜」として知られる走行型獣脚類グループ「オルニトミモサウルス類」の1種。デイノケイルス（▶P.75）をのぞけば、グループ内で最大級。

脊椎動物 爬虫類 双弓類 主竜類 恐竜類
竜盤類 獣脚類

カルカロドントサウルス
Carcharodontosaurus
■中生代白亜紀 ❽

産 エジプト、モロッコ、ニジェールほか
大 全長：12m

北アフリカから化石が発見されているティラノサウルス級の大型獣脚類。アロサウルス（▶P.69）に近縁。

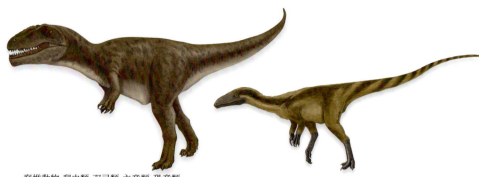

脊椎動物 爬虫類 双弓類 主竜類 恐竜類
竜盤類 獣脚類

ギガノトサウルス
Giganotosaurus

■中生代白亜紀　❽

産 アルゼンチン　大 全長：14m

純粋な肉食性としては史上最大級。アロサウルスに近縁な大型獣脚類である。

脊椎動物 爬虫類 双弓類 主竜類 恐竜類
竜盤類 獣脚類

シノサウロプテリクス
Sinosauropteryx

■中生代白亜紀　❼

産 中国　大 全長：1.3m

1996年にこの種が報告されてから、羽毛を生やした恐竜の復元がどんどん本格化した。

脊椎動物 爬虫類 双弓類 主竜類 恐竜類
竜盤類 獣脚類

シノルニトサウルス
Sinornithosaurus

■中生代白亜紀　❼

産 中国　大 全長：1m

全身が羽毛で覆われており、前脚には風切羽でできた翼があった。

脊椎動物 爬虫類 双弓類 主竜類 恐竜類
竜盤類 獣脚類

スピノサウルス
Spinosaurus

■中生代白亜紀　❽

産 エジプト、モロッコ、チュニジアほか
大 全長：15m

史上最大級の獣脚類。背中に帆をもつ魚食性の恐竜である。2014年に発表された研究では、獣脚類としては珍しく四足歩行を行い、おもに水中で生活していたという復元像が発表された。

脊椎動物 爬虫類 双弓類 主竜類 恐竜類
竜盤類 獣脚類

デイノケイルス
Deinocheirus
- 中生代白亜紀 ❼
- 産 モンゴル　大 全長：11m

かつて「謎の恐竜」の代名詞とされていたが、近年になってその姿が明らかにされた。長い腕、背の大きな帆など、まるで複数種の恐竜からなるキメラのような姿をしている。

脊椎動物 爬虫類 双弓類 主竜類 恐竜類
竜盤類 獣脚類

デイノニクス
Deinonychus
- 中生代白亜紀 ❽
- 産 アメリカ　大 全長：3.3m

後脚に鋭いかぎづめをもつ小型の恐竜。群れをつくっていたとみられている。長らく「恐竜は鈍重な生き物である」とされていたが、1960年代にこの種が発見されたことにより、世間の"恐竜像"が一変した。

脊椎動物 爬虫類 双弓類 主竜類 恐竜類
竜盤類 獣脚類

テリジノサウルス
Therizinosaurus
- 中生代白亜紀 ❼
- 産 モンゴル　大 全長：7.5m

長い腕の先に長いつめをもつ。小さな頭に長い首、でっぷりとした胴体、太い脚も特徴。営巣地で子育てをしていた可能性が指摘されている。

脊椎動物 爬虫類 双弓類 主竜類 恐竜類
竜盤類 獣脚類

トロオドン
Troodon
- 中生代白亜紀 ❽
- 産 アメリカ、カナダ　大 全長：2m

「最も賢い恐竜」として知られるほか、聴覚も優れていたようだ。

脊椎動物 爬虫類 双弓類 主竜類 恐竜類
竜盤類 獣脚類
フクイラプトル
Fukuiraptor
■中生代白亜紀　❼

産 日本　大 全長：4.2m

2000年に報告された日本固有の獣脚類。日本の国産化石として、はじめて全身復元骨格が組み立てられた。

脊椎動物 爬虫類 双弓類 主竜類 恐竜類
竜盤類 獣脚類
プロトアーケオプテリクス
Protarchaeopteryx
■中生代白亜紀　❼

産 中国　大 全長：80cm

前脚と尾の先に羽根が確認された小型の恐竜。

脊椎動物 爬虫類 双弓類 主竜類 恐竜類
竜盤類 獣脚類
ベイピアオサウルス
Beipiaosaurus
■中生代白亜紀　❼

産 中国　大 全長：1.5m

前脚に翼のような構造があった。また、前脚自体が長いことも特徴の一つ。

脊椎動物 爬虫類 双弓類 主竜類 恐竜類
竜盤類 獣脚類
ミクロラプトル
Microraptor
■中生代白亜紀　❼

産 中国　大 全長：77cm

四肢に翼をもつ羽毛恐竜。小型哺乳類ほか、さまざまな動物たちを食べていたことがわかっている。その復元姿勢については議論がある。

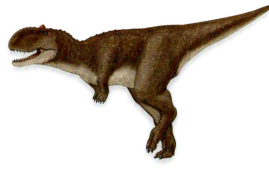

脊椎動物 爬虫類 双弓類 主竜類 恐竜類
竜盤類 獣脚類

ラジャサウルス
Rajasaurus
■中生代白亜紀 ❽

産 インド　大 全長：9m

インドの白亜紀末期の地層から化石が発見された大型の獣脚類。当時、インドは独立した大陸だった。ラジャサウルスの祖先は、かつてインドがアフリカと接続していたときに渡ってきたとされる。つまり、比較的原始的な獣脚類の系統に属するのだ。

琥珀の中に恐竜の尾があった

いわゆる「樹液の化石」である琥珀はさまざまなものを内包する。たとえば、第9巻で紹介したバルト海産の琥珀には、昆虫をはじめ、植物や、脊椎動物の一部などが含まれていた。

2016年、中国地質科学大学のリダ・シンたちは、ミャンマーのカチン州に分布する約9900万年前の地層から採集されたという「恐竜の尾が入った琥珀」を報告した。琥珀の大きさは数cmほどで、その中に羽毛に包まれた長さ37mmの尾が折れ曲がるようにして入っていた。

なぜ、この尾が「恐竜の尾」とわかるのだろうか？

この標本は当初、琥珀業者によって「植物を内包する琥珀」として宝飾用に販売されていたという。しかし、シンがその重要性を見抜き、自身が名誉理事を務める研究機関に購入を勧めたとされる。

その後、その内包物は植物ではなく動物の尾であることがわかった。シンたちが尾の内部構造をX線によって調べたところ、尾を構成する骨がたがいに癒合していないことが明らかとなり、羽毛を詳細に観察した結果、その構造がとてもシンプルであることも判明した。この「癒合していない尾の骨」と「シンプルな羽毛」という特徴から、シンたちは非鳥類型獣脚類の尾であるということを特定したのである。

「恐竜の尾が入った琥珀」が報告されたのは、世界でもはじめてのことだ。これによって、ミャンマー産の琥珀の注目度が一気に高まったともいえる。この産地ではこれまでにもいくつもの重要な琥珀が発見されており、今後の新発見も期待される。

……それにしても、胴体や頭部はどうなったのだろうか。

恐竜の尾がねじれるようにして内包されている琥珀。この標本は商品として、すでに研磨されていた。
(Photo : Lida Xing)

脊椎動物 爬虫類 双弓類
主竜類 恐竜類 竜盤類 獣脚類
ティランノサウルス類

グアンロン
Guanlong

■中生代ジュラ紀　❻

産 中国　大 全長：3.5m

トサカを特徴とする。有名なティランノサウルス・レックスと同じグループに属する。

脊椎動物 爬虫類 双弓類
主竜類 恐竜類 竜盤類
獣脚類 ティランノサウルス類

ユティランヌス
Yutyrannus

■中生代白亜紀　❼

産 中国　大 全長：9m

全身が羽毛で覆われたティランノサウルス類。「大きな頭部」という進化的な特徴をもつ一方で、「3本指の前脚」という原始的な特徴ももつ。

脊椎動物 爬虫類
双弓類 主竜類 恐竜類
竜盤類 獣脚類
ティランノサウルス類

ディロング
Dilong

■中生代白亜紀　❼

産 中国　大 全長：1.6m

原始的な小型のティランノサウルス類。有名なティランノサウルス・レックスと比較すると、全身に占める首の割合が大きく、前脚が長く、手の指が3本ある。

脊椎動物 爬虫類 双弓類 主竜類 恐竜類
竜盤類 獣脚類 ティランノサウルス類

タルボサウルス
Tarbosaurus

■中生代白亜紀　❼

産 モンゴル、中国、ロシア　大 全長：9.5m

「アジアのティランノサウルス・レックス」の異名をもつほどに、北アメリカのティランノサウルス・レックスとよく似る。ただし、こちらの方がややスリム。幼体時と成体時では、異なる獲物を襲っていたことが指摘されている。

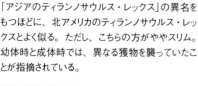

脊椎動物 爬虫類 双弓類 主竜類 恐竜類
竜盤類 獣脚類 ティランノサウルス類

リトロナクス
Lythronax
■中生代白亜紀 ⑧

産 アメリカ　大 全長：7.5m

ユタ州に分布する約8000万年前の地層から化石が発見されたティランノサウルス類。のちに出現する進化型のティランノサウルスと同じように幅広の頭骨をもつ。

脊椎動物 爬虫類 双弓類 主竜類 恐竜類
竜盤類 獣脚類 ティランノサウルス類

アルバートサウルス
Albertosaurus
■中生代白亜紀 ⑧

産 カナダ、アメリカ、メキシコ　大 全長：8m

全体的にスリムなティランノサウルス類。おもにカナダで化石が見つかる。

脊椎動物 爬虫類 双弓類 主竜類 恐竜類
竜盤類 獣脚類 ティランノサウルス類

ティランノサウルス
Tyrannosaurus
■中生代白亜紀 ⑧

産 アメリカ、カナダ　大 全長：12m

いわずと知れた"最強の肉食恐竜"。幅広で分厚い頭骨は、圧倒的なまでの破壊力を生み出し、獲物を噛む力は他の追随を許さない。嗅覚に優れ、物陰に隠れた獲物も探知することができた。10代に成長期を迎え、1年で767kgも成長したという研究結果がある。

ティランノサウルス類進化の新たな手がかり?
ティムルレンギア

　ティランノサウルス類の進化の系譜は、約1億年前よりも前のグループと、約8000万年前よりものちのグループに大きく分けることができる。

　約1億年前よりも前のティランノサウルス類には、グアンロンやディロングなどが属している。ユティランヌスのような例外をのぞき、基本的には小型である。

　一方、8000万年前よりものちに登場したティランノサウルス類は、王者ティランノサウルスを擁し、基本的には大型種ばかりだ。各地の生態系に君臨した"進化型"である。

　ティランノサウルス類が、いかにして大型化の道を歩むことになったのかは、大きな謎となっている。ちょうど、ティランノサウルス類の進化史において重要とみられる約1億年前から約8000万年前にかけての2000万年間が、記録の空白期となっているからだ。つまり、化石自体が見つかっておらず、議論のしようがなかったのである。

　そのような状況のなか、2016年に新種のティランノサウルス類が報告された。イギリス、エジンバラ大学のステファン・L・ブルサッテたちが報告したそのティランノサウルス類を、**ティムルレンギア・エウオティカ**（*Timulengia euotica*）という。「*Timulengia*」は、14世紀の中央アジアを支配した「ティムール」という人物に由来するもので、「*euotica*」には、「耳が良い」という意味がある。属名が示唆するように、中央アジア、ウズベキスタンの産である。

　ティムルレンギアが注目を受けたのは、その化石がまさに"記録の空白期"にあたる約9000万年前の地層から発見されたからだ。しかし、ティムルレンギアは、全長こそ3mと推測できたものの、化石は全身の一部にとどまっており、全身像についての詳細は不明だった。

　ただし、幸運にも脳を保護していた脳函が残っていた。これによって、ティムルレンギアが大型のティランノサウルス類と同じように、発達した脳と性能の良い耳をもっていたことがわかったのである。ティムルレンギアの種小名は、この分析結果に由来するものだ。

　さて、このことが「大型化」にどのような影響を与えたのか？　それは今後の研究次第だ。

ティムルレンギアの復元図

脊椎動物 爬虫類 双弓類 主竜類 恐竜類 竜盤類 獣脚類 鳥類

アルカエオプテリクス
Archaeopteryx

■中生代ジュラ紀 ❻

産 ドイツ   大 全長：50cm

いわゆる「始祖鳥」。鳥類に似た獣脚類と鳥類の線引きは困難だが、「始祖鳥よりも進化的な獣脚類」を「鳥類」とよぶことが多い。

脊椎動物 爬虫類 双弓類 主竜類 恐竜類 竜盤類 獣脚類 鳥類

ヘスペロルニス
Hesperornis

■中生代白亜紀 ❽

産 カナダ、アメリカ、ロシアほか   大 全長：1.5m

翼をもたない鳥類。口はクチバシになっておらず、歯が並んでいる。水中に潜って魚を狩っていたとみられている。

脊椎動物 爬虫類 双弓類 主竜類 恐竜類 竜盤類 獣脚類 鳥類

オステオドントルニス
Osteodontornis

■新生代新第三紀中新世〜鮮新世 ❿

産 日本、アメリカ   産 翼開長：3.5m

クチバシに「歯のような突起」が並ぶ鳥類。「骨質歯鳥類」とよばれるグループに属する。

脊椎動物 爬虫類 双弓類 主竜類 恐竜類 竜盤類 獣脚類 鳥類

ガストルニス
Gastornis

■新生代古第三紀暁新世〜始新世 ❾

産 フランス、ドイツ   大 体高：2m

大きなクチバシをもつ飛べない鳥。植物食性だったという見方がある。「ガストルニス類」というグループに属し、かつて「ディアトリマ」とよばれていたものを含む。

脊椎動物 爬虫類 双弓類 主竜類 恐竜類 竜盤類 獣脚類 鳥類

フォルスラコス
Phorusrhacos

■新生代新第三紀中新世 ❿

産 アルゼンチン   大 体高：1.6m

大きなクチバシをもつ飛べない鳥。「恐鳥類」とよばれる鳥類の代表的な存在。

脊椎動物 爬虫類 双弓類 主竜類 恐竜類
竜盤類 獣脚類 鳥類 ペンギン類

イカディプテス
Icadyptes

■新生代古第三紀始新世 ❾

産 ペルー　大 体高：150cm

太くがっしりとした首と、大きくて力強い翼をもつペンギン類。長さが23cmもある鋭いクチバシも特徴。

脊椎動物 爬虫類 双弓類 主竜類 恐竜類
竜盤類 獣脚類 鳥類 ペンギン類

インカヤク
Inkayacu

■新生代古第三紀始新世 ❾

産 ペルー　大 体高：150cm

羽毛の大部分が灰色と赤褐色だった可能性が指摘されている。

脊椎動物 爬虫類 双弓類 主竜類 恐竜類
竜盤類 獣脚類 鳥類 ペンギン類

ワイマヌ
Waimanu

■新生代古第三紀暁新世 ❾

産 ニュージーランド　大 体高：90cm

最古のペンギン類。現生のウ（鵜）に近い姿のもち主。

脊椎動物 爬虫類 双弓類 主竜類 恐竜類
竜盤類 獣脚類 鳥類 ペンギン類

ペルディプテス
Perudyptes

■新生代古第三紀始新世 ❾

産 ペルー　大 体高：75cm

地球の気候が暑かった時期に、暑い地域に生息していたペンギン類。長く細いクチバシが特徴。

脊椎動物 爬虫類 双弓類 主竜類 恐竜類
竜盤類 獣脚類 鳥類 ペンギン類

カイルク
Kairuku

■新生代古第三紀始新世〜漸新世 ❾

産 ニュージーランド　大 体高：130cm

細長い翼とがっしりとした後脚をもつ。

脊椎動物 爬虫類
双弓類 主竜類 恐竜類
竜盤類 獣脚類 鳥類
プロトプテルム類

プロトプテルム
Plotopterum

■■新生代古第三紀漸新世〜新第三紀中新世 ❾

産 アメリカ、日本　大 体高：2m

いわゆる「ペンギンモドキ」の一つ。ペンギン類のワイマヌと姿が似る。

脊椎動物 爬虫類 双弓類 主竜類 恐竜類
竜盤類 獣脚類 鳥類 プロトプテルム類

ホッカイドルニス
Hokkaidornis

■新生代古第三紀漸新世 ❾

産 日本　大 体高：130cm

いわゆる「ペンギンモドキ」の一つ。種小名は「アバシリエンシス（*abashiriensis*）」。発見地の北海道にこだわって命名されている。

脊椎動物 爬虫類 双弓類 主竜類 恐竜類
竜盤類 竜脚形類

エオラプトル
Eoraptor
■ 中生代三畳紀 ❺

産 アルゼンチン　大 全長：1m

かつては「最古級の肉食恐竜(獣脚類)」と考えられていたが、再研究によって、植物食恐竜グループに分類された。雑食性だったとみられている。

脊椎動物 爬虫類 双弓類 主竜類 恐竜類
竜盤類 竜脚形類

パンファギア
Panphagia
■ 中生代三畳紀 ❺

産 アルゼンチン　大 全長：70cm

雑食性の恐竜で、シダの葉と昆虫を主食としていたとみられている。

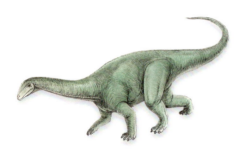

脊椎動物 爬虫類 双弓類 主竜類 恐竜類
竜盤類 竜脚形類

レッセムサウルス
Lessemsaurus
■ 中生代三畳紀 ❺

産 アルゼンチン　大 全長：18m

三畳紀随一の巨体をもつ。ジュラ紀以降の竜脚類と比べると、首は短く、全体的にスリムな体つき。

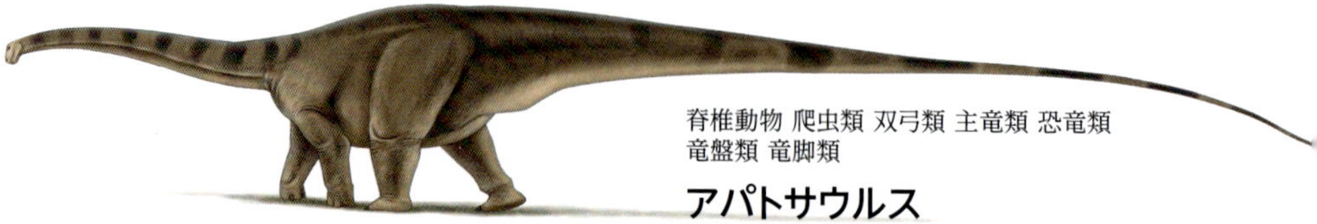

脊椎動物 爬虫類 双弓類 主竜類 恐竜類
竜盤類 竜脚類

アパトサウルス
Apatosaurus
■ 中生代ジュラ紀 ❻

産 アメリカ　大 全長：23m

代表的な竜脚類の一つ。ブロントサウルス(*Brontosaurus*)と「同属ではないか」「否、別属である」との議論が交わされている。

脊椎動物 爬虫類 双弓類 主竜類 恐竜類
竜盤類 竜脚類

エウロパサウルス
Europasaurus
■中生代ジュラ紀　⑥

産 ドイツ　大 全長：6.2m

小型の竜脚類。当時、ヨーロッパに点在した島々で、その島の面積に合わせるように小型化した種とみられている。

脊椎動物 爬虫類 双弓類 主竜類 恐竜類
竜盤類 竜脚類

カマラサウルス
Camarasaurus
■■中生代ジュラ紀～白亜紀　⑥

産 アメリカ、ロシアほか
大 全長：18m

寸詰まりの頭部を特徴とする竜脚類。低地と高地を移動する生活を送っていたとみられている。

脊椎動物 爬虫類 双弓類 主竜類 恐竜類
竜盤類 竜脚類

ギラッファティタン
Giraffatitan
■中生代ジュラ紀　⑥

産 タンザニア　大 全長：22m

前脚が後脚と比べて明らかに長い竜脚類。頭頂部が盛り上がるという独特の特徴をもつ。アメリカの竜脚類ブラキオサウルスに近縁とされる。

脊椎動物 爬虫類 双弓類 主竜類 恐竜類
竜盤類 竜脚類

スーパーサウルス
Supersaurus
■中生代ジュラ紀　⑥

産 アメリカ、ポルトガル　大 全長：35m

"史上最大級の陸上動物"の一つ。研究者によっては、竜脚類ディプロドクスと同属である、とする場合もある。

脊椎動物 爬虫類 双弓類 主竜類 恐竜類
竜盤類 竜脚形類 竜脚類

アマルガサウルス
Amargasaurus
■中生代白亜紀　❽

産 アルゼンチン　大 全長：10m

首から腰にかけての背に、細くて長い骨のトゲが2列並ぶ。トゲとトゲの間には、皮膜による帆があったという見方もある。

脊椎動物 爬虫類 双弓類 主竜類 恐竜類
竜盤類 竜脚類

マメンキサウルス
Mamenchisaurus
■■中生代ジュラ紀〜白亜紀　❻

産 中国、モンゴル、タイ　大 全長：35m

"史上最大級の陸上動物"の一つ。ほかの"史上最大級"の竜脚類（りゅうきゃく）に比べ、首が長いことが特徴である。

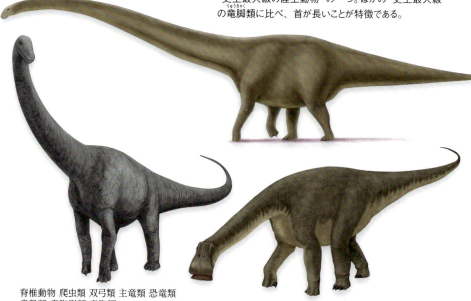

脊椎動物 爬虫類 双弓類 主竜類 恐竜類
竜盤類 竜脚形類 竜脚類

タンバティタニス
Tambatitanis
■中生代白亜紀　❼

産 日本　大 全長：15m

2014年に報告された日本固有の竜脚類（りゅうきゃく）。

脊椎動物 爬虫類 双弓類 主竜類 恐竜類
竜盤類 竜脚形類 竜脚類

ニジェールサウルス
Nigersaurus
■中生代白亜紀　❽

産 ニジェール　大 全長：9m

吻部（ふんぶ）の先端が左右に広く、口には鉛筆のように細い歯が横一直線に並ぶ。

脊椎動物 爬虫類 双弓類 主竜類 恐竜類 鳥盤類
ピサノサウルス
Pisanosaurus
■中生代三畳紀 ❺

産 アルゼンチン　大 全長：80cm

小さな頭に長い尾など、エオラプトルやエオドロマエウスと似たような姿をもつ。

脊椎動物 爬虫類 双弓類 主竜類 恐竜類 鳥盤類 装盾類
スクテロサウルス
Scutellosaurus
■中生代ジュラ紀 ❻

産 アメリカ　大 全長：1.3m

剣竜類と鎧竜類の共通祖先に近いとされる。

脊椎動物 爬虫類 双弓類 主竜類 恐竜類 鳥盤類 装盾類
スケリドサウルス
Scelidosaurus
■■中生代三畳紀〜ジュラ紀 ❻

産 イギリス、中国　大 全長：1.8m

剣竜類と鎧竜類の共通祖先に近いとされ、スクテロサウルスよりはやや進化型の種として位置づけられている。

脊椎動物 爬虫類 双弓類 主竜類 恐竜類 鳥盤類 装盾類 剣竜類
フアヤンゴサウルス
Huayangosaurus
■中生代ジュラ紀 ❻

産 中国　大 全長：4m

剣竜類の一種だが、背の骨板は小さい。

脊椎動物 爬虫類 双弓類 主竜類 恐竜類
鳥盤類 装盾類 剣竜類

トゥオジャンゴサウルス
Tuojiangosaurus

■中生代ジュラ紀　❻

産 中国　大 全長：6.5m

背に幅の狭い板が並ぶ剣竜類。

脊椎動物 爬虫類
双弓類 主竜類 恐竜類
鳥盤類 装盾類 剣竜類

ステゴサウルス
Stegosaurus

■■中生代ジュラ紀〜白亜紀　❻

産 アメリカ、ポルトガル、ロシア　大 全長：6.5m

剣竜類の代表種であり、ジュラ紀の植物食恐竜の代表種でもある。背中に並ぶ骨の板と、尾の先の太いトゲが特徴。骨板は体温調節に役立ち、太いトゲは防御のための装備だったとみられている。

脊椎動物 爬虫類 双弓類 主竜類 恐竜類
鳥盤類 装盾類 鎧竜類

アンキロサウルス
Ankylosaurus

■中生代白亜紀　❽

産 アメリカ、カナダ　大 全長：7m

尾に大きなこぶをもつ鎧竜類。背中の骨片は、まるで現代の防弾チョッキのように柔軟かつ丈夫で、軽量だった。「アンキロサウルス類」という鎧竜類グループの一つ。

脊椎動物 爬虫類 双弓類 主竜類 恐竜類
鳥盤類 装盾類 鎧竜類

サイカニア
Saichania

■中生代白亜紀　❼

産 モンゴル　大 全長：5.2m

背には突起のある装甲板が並び、頭頂部や前脚にこぶが発達する。尾の左右にトゲがあり、先端にはこぶがある。まさに「全身武装」という言葉が相応しい鎧竜類。ただし、この復元に関しては、異論もある。「アンキロサウルス類」という鎧竜類グループに属する。

脊椎動物 爬虫類
双弓類 主竜類
恐竜類 鳥盤類 装盾類 鎧竜類

エドモントニア
Edmontonia

■中生代白亜紀 ❽

産 アメリカ、カナダ　大 全長：6m

肩に大きなトゲをもつ鎧竜類。尾の先にこぶはない。「ノドサウルス類」という鎧竜類グループに属する。

脊椎動物 爬虫類 双弓類 主竜類 恐竜類
鳥盤類 角脚類

アルバロフォサウルス
Albalophosaurus

■中生代白亜紀 ❼

産 日本　大 全長：1.3m

2009年に報告された日本固有の角脚類。植物食とわかる歯が確認されている。

脊椎動物 爬虫類 双弓類
主竜類 恐竜類 鳥盤類
周飾頭類 角竜類

トリケラトプス
Triceratops

■中生代白亜紀 ❽

産 アメリカ、カナダ　大 全長：8m

おそらく最も知名度が高い角竜類であり、ティランノサウルスと並ぶ"有名人"。成長にともなって、ツノの向きやフリルのサイズ、フリルの縁の形などが変化したとみられている。

脊椎動物 爬虫類
双弓類 主竜類 恐竜類
鳥盤類 周飾頭類 堅頭竜類

パキケファロサウルス
Pachycephalosaurus

■中生代白亜紀 ❽

産 アメリカ、カナダ　大 全長：4.5m

いわゆる「石頭恐竜」。ただし、本当に「石頭」だったかどうかについては議論がある。頭部の膨らみは、成長にともなって大きくなったという見方がある。

脊椎動物 爬虫類 双弓類 主竜類 恐竜類
鳥盤類 鳥脚類

フクイサウルス
Fukuisaurus

■中生代白亜紀　❼

産 日本　大 全長：4.7m

2003年に報告された。日本固有の鳥脚類とされる。鳥脚類イグアノドンの仲間。

脊椎動物 爬虫類 双弓類 主竜類 恐竜類
鳥盤類 鳥脚類

エドモントサウルス
Edmontosaurus

■中生代白亜紀　❽

産 カナダ、アメリカ　大 全長：9m

優れた歯をもつ鳥脚類。「白亜紀のウシ」とよばれている。いわゆる「カモハシ竜」（ハドロサウルス類）の一つである。

恐竜の「脳の化石」を発見か？

　一般的な理解として、動物が死んで化石となるとき、軟組織は残りにくいと考えられている。もちろん脳もそうした軟組織の一つだ。これまでに恐竜の脳に言及した研究はいくつもある。だが、そうした研究は、脳を保護している「脳函」という骨のケースを分析することで、脳の形状を類推して議論を展開することがほとんどだ。

　恐竜の脳は化石に残っていない。

　それはこれまでの暗黙の了解だった。しかし、それが覆るかもしれない。2016年、イギリス、オックスフォード大学のマルティン・D・ブラサーたちは、イギリスのサセックス州にある約1億3300万年前（白亜紀前期）の地層から、"恐竜の脳の化石"を見つけた、と報告した。その化石は、標本長11cmほど。調べてみると、脳を守るための髄膜や血管も確認できたという。ブラサーたちは、この脳の化石はイグアノドン類のものではないか、としている。

　なぜ、脳のような軟組織が化石となって残ったのだろうか？ じつは、強い酸性の環境下では、硬組織が溶け、軟組織が残る傾向があることが知られている。このことをふまえ、ブラサーたちは、この脳は酸性の強い沼のような場所で"酢漬け"にされて残ったのではないか、としている。

　この脳化石は、すべてが軟組織の残存物というわけではなく、脳函内に入り込んだ泥によっても構成されている。軟組織は、そうした泥の上部に確認されたわけだ。

　この化石を報じた『ナショナルジオグラフィック』のwebサイトでは、この軟組織について疑問を呈する研究者のコメントも紹介している。本当に「脳の化石」なのか。どのように保存されてきたのか。まだ多くの謎が残っている。今後の解析に期待したい。

イグアノドン類のものとされる"脳化石"。厳密にいえば、脳函内に入り込んだ泥によってつくられた鋳型である。ただし、骨片や軟組織が表面に残っている。
(Photo: David Norman & Sedgwick Museum, University of Cambridge)

脊椎動物 爬虫類

脊椎動物 爬虫類
アトポデンタトゥス
Atopodentatus
■中生代三畳紀 ❺

産 中国　大 全長：2.8m

板歯類に近縁とされる海棲爬虫類。2014年の最初の復元では、上顎が左右に割れているという独特の姿だった。第5巻にはその復元と、元になった化石を掲載している。右のイラストは2016年に発表された新復元。

アトポデンタトゥスの復元変更。"ハンマーヘッド"に。

　2014年に復元されたアトポデンタトゥスの姿は、驚きをもって迎えられた。しかし、2016年になって、その頭部の復元を大幅に変える論文が発表された。

　中国科学院の李淳（リ・チュン）たちは、中国雲南省から新たに発見された2標本をもとに、アトポデンタトゥスの頭部の復元を再考した。その結果、2014年の復元のような「上顎の裂け目」は、標本の状態があまり良くなかったために見られたもので、実際にはそのような構造がないことが明らかになった。なお、李たちの研究グループには、2014年の論文における第1著者である程龍（チェンロン）も名を連ねる。

　2016年の李たちによる発表もまた注目を浴びた。なにしろ、その頭部の先端は、まるで金槌の頭のように左右に広がっていたのだ。頭部全体が幅広というわけではない。あくまでも、口の先端だけが広いのである。その口には、彫刻刀のような形状の歯が一列に並んでいた。李たちは、アトポデンタトゥスはこの歯を使うことで、海底の藻類などをこそぎとるようにして食べていたのではないか、と指摘する。ちなみに、口の両端には細い釘のような形状の歯も並んでいる。

　李たちによると、アトポデンタトゥスは、「植物食の海棲爬虫類」として、知られている限り最古のものになるという。

2016年に発表された、アトポデンタトゥスの頭骨の"完全体"。
(Photo：李 淳)

脊椎動物 爬虫類
コエルロサウラヴス
Coelurosauravus
- ■古生代ペルム紀 ❹
- 産 ドイツ、マダガスカル、イギリス
- 大 全長：60cm

脇の下に"翼"をもっていた爬虫類。この翼で滑空をすることが可能だったとみられている。

脊椎動物 爬虫類
シャロビプテリクス
Sharovipteryx
- ■中生代三畳紀 ❺
- 産 キルギスタン
- 大 全長：23cm

後脚に皮膜をもつ飛翔性の爬虫類。"後翼"が大きいという飛翔性動物は、古今東西を見渡しても非常に珍しい。

脊椎動物 爬虫類
タニストロフェウス
Tanystropheus
- ■中生代三畳紀 ❺
- 産 中国、フランス、スイスほか
- 大 全長：6m

全長の半分以上を首が占める。のちの恐竜類やクビナガリュウ類とは異なり、首を構成する個々の骨が長いために首が長くなっている。

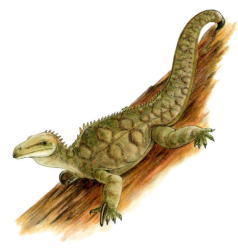

脊椎動物 爬虫類
ドレパノサウルス
Drepanosaurus
■中生代三畳紀 ❺

産 イタリア、アメリカ　大 全長 ：40cm

尾の先端に、フック状の"つめ"をもつ。また、前脚の人差し指が大きなかぎづめ状になっているという点もポイント。このかぎづめを使って、樹木の皮をはぎ、その下に潜む昆虫を食べていたのではないか、とされる。

ドレパノサウルスの腕は、"特別製"!?

　アメリカ、ニューヨーク州立大学ストーニーブルック校のアダム・C・プリッツカードたちは、新たに発見されたドレパノサウルスの化石を解析し、ドレパノサウルスがほかの動物には見られない特殊な腕の構造をもっていたことを2016年に発表している。

　通常、陸上四足動物の腕の骨は、指先から指骨、中手骨、手根骨と続き、橈骨と尺骨が平行に並んで、上腕骨へと関節する。指骨、中手骨、手根骨は「手」を構成する骨で、指骨は「指」、中手骨は「手のひら」、手根骨は「手首」に相当する。このうち、手根骨は小さな骨で、複数存在することが一般的だ。また、橈骨と手根骨はさほど形が変わらず、棒状である。

　しかし、プリッツカードたちによると、ドレパノサウルスは手根骨の1本が異様に長かった。橈骨よりも長くのび、その先に平たい尺骨が関節するという。ほかの四足動物は、尺骨と橈骨は平行に並ぶが、ドレパノサウルスの場合は、橈骨がやや短い別の手根骨と関節し、尺骨とはほぼ垂直に関節していたというのである（下の図を参照）。これまでの陸上四足動物の常識を覆すようなつくりだ。

　なぜ、ドレパノサウルスの腕は、ここまで特殊化していたのだろうか？

　プリッツカードたちによると、この仕様によって、ドレパノサウルスは、前脚の大きなかぎづめをより有効に使うことができたのではないかという。

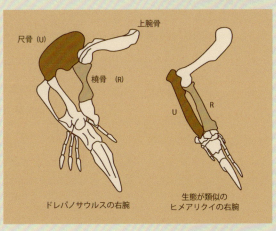

ドレパノサウルスの右腕　　生態が類似のヒメアリクイの右腕

脊椎動物 爬虫類
ヒプロネクター
Hypuronector
■中生代三畳紀 ❺

産 アメリカ　大 全長：12cm

全長の半分を占める(とみられている)尾は、植物の葉のような形をしている。この尾が擬態に役立っていた可能性が指摘されている。93ページのドレパノサウルスに近縁。

脊椎動物 爬虫類
メガランコサウルス
Megalancosaurus
■中生代三畳紀 ❺

産 イタリア　大 全長：25cm

可動性に優れた長い尾をもつ爬虫類。尾の先には小さなつめ状の構造がある。指は手足ともに向かい合った配置になっており、樹木の枝を掴むことに適していた。93ページのドレパノサウルスに近縁。

脊椎動物 爬虫類
ヒロノムス
Hylonomus
■古生代石炭紀 ❹

産 カナダ　大 全長：30cm

最初期の爬虫類。シギラリア(▶P.172)という巨大なシダ植物の空洞化した幹の中から化石が発見されている。

脊椎動物 単弓類 "盤竜類"

脊椎動物 単弓類 "盤竜類" カセア類

コティロリンクス
Cotylorhynchus
■■古生代石炭紀～ペルム紀 ❹

産 アメリカ、イタリア　大 全長：3.5m 強

でっぷりとした体に対して、あまりにも小さな頭部が特徴の植物食性単弓類。

カセア類は、水棲だった!?

　コティロリンクスに代表されるカセア類は、よく考えると（?）珍妙な動物である。樽のような胴体に短い首、小さな頭。これでは、口先を地面近くにつけることはできない。植物食の彼らにとって、シダ植物の背が低かった場合、その植物がいかに魅力的でも食べることはできない。水たまりなどから水を飲むことも難儀である。彼らが水を飲むときには、全身でそのままドボンと水につかるという方法が最も効率がよさそうだ。しかし、それは果たして現実的な生態なのだろうか？

　ドイツ、ライン・フリードリヒ・ヴィルヘルム大学ボンのマルクス・ラムズベルトたちは、2016年に新たな仮説を提唱した。それは、カセア類が水棲だったというものである。ラムズベルトたちが、コティロリンクスの骨の内部構造を調べたところ、スポンジのようにスカスカしていることが明らかになった。それは、水棲哺乳類とよく似た特徴である。

　カセア類が水棲であるとすれば、珍奇な形態も納得がいく。「水を飲むときだけドボン」よりは、「最初から水中で暮らした」方がたしかに効率的である。あらためて注目すると、コティロリンクスの四肢は短く、幅広であり、これは地上をのし歩くためというよりは、水中で水をかくことに向いていそうだ。

　ただし、カセア類を水棲と考えると生じる問題もある。カセア類は単弓類であり、単弓類は肺呼吸である。水中で肺呼吸生活をするものは、水面から空気中に顔を出し、短時間に大量の空気を吸い込まなくてはならない。

　そこで注目されるのが「横隔膜」だ。これは現生動物では哺乳類だけがもつ筋肉で、肋骨を制御してすみやかな呼吸を助けている。ラムズベルトたちは、呼吸を助けるため、横隔膜（のようなメカニズム）がカセア類にも存在していた可能性に言及している。

　筋肉である横隔膜は化石に残らない。しかし、単弓類のなかでも哺乳類に限定されるとみられていたこの筋肉が、カセア類のような"原始的な単弓類"にもあったのであれば、その起源はずいぶんと昔にさかのぼりそうである。

脊椎動物 単弓類 "盤竜類"
エダフォサウルス
Edaphosaurus
■■古生代石炭紀〜ペルム紀 ❹

産 アメリカ、ドイツ　大 全長：3.2m

ペルム紀前期を代表する単弓類の一つ。帆をつくる"支柱の骨"には、左右に小さな突起がある。植物食性。

脊椎動物 単弓類 "盤竜類"
ディメトロドン
Dimetrodon
■古生代ペルム紀 ❹

産 アメリカ、ドイツ　大 全長：3.5m

ペルム紀前期を代表する単弓類の一つにして、象徴的な存在。帆を用いることで、効率的に体温を調節していたとみられている。大きな頭部と鋭い顎も特徴のうちである。

脊椎動物 単弓類 獣弓類 ディノケファルス類

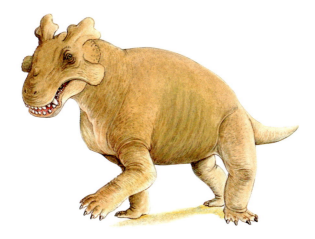

脊椎動物 単弓類 獣弓類 ディノケファルス類
エステメノスクス
Estemmenosuchus
■古生代ペルム紀 ❹

産 ロシア　大 全長：4m

頭部に多数の平たい突起をもつ植物食の獣弓類。

脊椎動物 単弓類 獣弓類 ディノケファルス類
モスコプス
Moschops
■古生代ペルム紀 ❹

産 南アフリカ　大 全長：5m

分厚い頭骨をもつ植物食の獣弓類。

脊椎動物 単弓類 獣弓類 ディキノドン類

脊椎動物 単弓類 獣弓類 ディキノドン類
ディイクトドン
Diictodon
- ■古生代ペルム紀 ❹

産 中国、南アフリカ　大 全長：45cm

地中に巣穴を作って、その中で暮らしていた。雌雄のつがいで化石が見つかることもある。

脊椎動物 単弓類 獣弓類 ディキノドン類
リストロサウルス
Lystrosaurus
- ■■古生代ペルム紀〜中生代三畳紀 ❹❺

産 南アメリカ、南極、中国ほか　大 頭胴長：1m

世界の広い範囲から化石が産出するため、"超大陸パンゲアの証拠"に挙げられることが多い。ずんぐりむっくり型の体と、長い犬歯が特徴。

脊椎動物 単弓類 獣弓類 ディキノドン類
イスチグアラスティア
Ischigualastia
- ■中生代三畳紀 ❺

産 アルゼンチン　大 全長：3m

三畳紀世界における最大級の植物食獣弓類。大きなクチバシが特徴である。

脊椎動物 単弓類 獣弓類 ゴルゴノプス類

脊椎動物 単弓類 獣弓類 ゴルゴノプス類
イノストランケビア
Inostrancevia
■古生代ペルム紀　❹

産 ロシア　大 全長：3.5m 以上

ペルム紀後期に栄えたゴルゴノプス類のなかで、「最大級の種」として知られる。

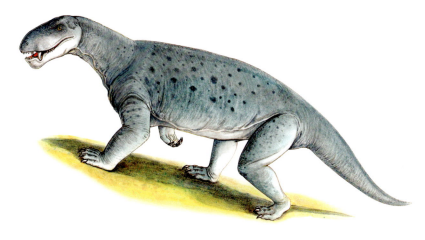

脊椎動物 単弓類 獣弓類 ゴルゴノプス類
リカエノプス
Lycaenops
■古生代ペルム紀　❹

産 マラウイ、南アフリカ　大 全長：1m

ペルム紀後期の代表的な肉食動物の一つ。長い犬歯を特徴とする。四肢は長い。

脊椎動物 単弓類 獣弓類 キノドン類

脊椎動物 単弓類 獣弓類 キノドン類

エクサエレトドン
Exaeretodon
■中生代三畳紀 ❺

産 アルゼンチン、ブラジル、インド
大 全長：2m

この時代の脊椎動物としては珍しく、口の中に、臼歯、犬歯、切歯といった、形も役割も異なる歯をもっていた。

脊椎動物 単弓類 獣弓類 キノドン類

プロベレソドン
Probelesodon
■中生代三畳紀 ❺

産 ブラジル、アルゼンチン　大 全長：30cm

まるでネズミのような外見をもつが、実際にはネズミ（齧歯類）との系統関係はない。肉食性。

脊椎動物 単弓類 獣弓類 哺乳類

脊椎動物 単弓類 獣弓類 哺乳類？
モルガヌコドン
Morganucodon
■■中生代三畳紀〜ジュラ紀 ❺

産 フランス、スイス、イギリスほか
大 全長：10cm

最初期の哺乳類。キノドン類より進化したとされる「モルガヌコドン類」に分類される。厳密な哺乳類と認めず、「哺乳形類」というグループに分けることもある。

脊椎動物 単弓類 獣弓類 哺乳類
ヴォラティコテリウム
Volaticotherium
■中生代ジュラ紀 ❻

産 中国　大 全長：14cm

毛で覆われた皮膜をもっていた。現生のアメリカモモンガに近い姿のもち主で、アメリカモモンガと同じように滑空が可能だったとみられている。ただし、アメリカモモンガとは系統的につながらない。

脊椎動物 単弓類 獣弓類 哺乳類
カストロカウダ
Castorocauda
■中生代ジュラ紀 ❻

産 中国　大 全長：45cm

全身を毛で覆い、平たい尾、水かきのある後脚をもっていた。現生のビーバーとよく似た姿で、おそらく同様に水中適応していたとみられている。ただし、現生のビーバーとは系統的につながらない。

脊椎動物 単弓類 獣弓類 哺乳類
フルイタフォッソル
Fruitafossor
■中生代ジュラ紀 ❻

産 アメリカ　大 頭胴長：7cm

鋭いかぎづめをもつ哺乳類。そのつめを使って土を掘り、アリなどを食べていたとみられている。現生のツチブタに似た姿をしていたとされるが、ツチブタとは系統的につながらない。

脊椎動物 単弓類 獣弓類 哺乳類
レペノマムス
Repenomamus
■中生代白亜紀 ❼

産 中国　大 頭胴：80cm

恐竜の幼体を食べていた哺乳類。分厚く力強い顎が特徴的である。

脊椎動物 単弓類 獣弓類 哺乳類 有袋類

脊椎動物 単弓類 獣弓類 哺乳類 有袋類 砕歯類
ティラコスミルス
Thylacosmilus
■新生代新第三紀中新世 ❿

産 アルゼンチン　大 頭胴長：1m

食肉類ネコ類のいわゆる「サーベルタイガー」たち（▶ P.118-120）とよく似た姿をもつ。南アメリカ生態系の頂点に君臨していたとみられる肉食動物。

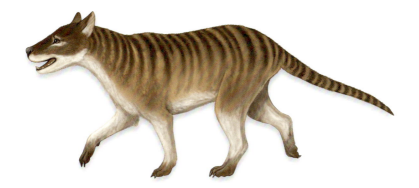

脊椎動物 単弓類 獣弓類 哺乳類 有袋類 フクロネコ類
ニンバキヌス
Nimbacinus
■新生代新第三紀中新世 ❿

産 オーストラリア　大 頭胴長：50cm

イヌやキツネとよく似た姿の有袋類。

脊椎動物 単弓類 獣弓類 哺乳類 有袋類 フクロネコ類
ティラキヌス・キノケファルス
Thylacinus cynocephalus
■新生代第四紀更新世〜1936年 ❿

産 オーストラリア　大 頭胴長：1m

「フクロオオカミ」「タスマニア・タイガー」「タスマニア・ウルフ」の名前でも知られる有袋類。20世紀まで生存が確認されていた。

脊椎動物 単弓類 獣弓類 哺乳類 有袋類 双前歯類
プリスシレオ
Priscileo
■■新生代古第三紀漸新世～新第三紀中新世 ⑩

産 オーストラリア
大 大きさ：現生のイエネコ程度

切歯の牙をもつ有袋類の一つ。見た目も大きさも、現生のイエネコとよく似ている。

脊椎動物 単弓類 獣弓類 哺乳類 有袋類 双前歯類
リトコアラ・ディックスミシ
Litokoala dicksmithi
■新生代新第三紀中新世 ⑩

産 オーストラリア　大 頭骨長：7.5cm

現生のコアラに近縁。現生のコアラに比べると、3分の1ほどの大きさだった。眼窩(がんか)がやや大きいことも特徴の一つ。

脊椎動物 単弓類 獣弓類 哺乳類 有袋類 双前歯類
ティラコレオ
Thylacoleo
■■新生代新第三紀中新世?～第四紀完新世 ⑩

産 オーストラリア　大 頭胴長：1.3m

切歯の牙をもつ有袋類の一つ。前臼歯が前後に薄くのび、まるで刃のようになっている。当時のオーストラリアにおいて、最大級の肉食哺乳類だった。

脊椎動物 単弓類 獣弓類 哺乳類 有袋類 双前歯類
ファスコロヌス・ギガス
Phascolonus gigas
■■新生代新第三紀鮮新世～第四紀 ⑩

産 オーストラリア　大 頭胴：1.6m

「ジャイアント・ウォンバット」ともよばれる。推定体重は200kgに達した。

脊椎動物 単弓類 獣弓類 哺乳類
有袋類 双前歯類 ディプロトドン類

ネオヘロス
Neohelos

■新生代新第三紀中新世 ⓘ

産 オーストラリア　大 頭胴長：1.3m

がっしりとした体つきの植物食有袋類。真獣類（有胎盤類）でいうところの、ウシのような生態をしていたとみられている。

脊椎動物 単弓類 獣弓類 哺乳類 有袋類
双前歯類 ディプロトドン類

ディプロトドン
Diprotodon

■■新生代新第三紀中新世?〜第四紀完新世? ⓘ

産 オーストラリア　大 頭胴長：3m

更新世のオーストラリアで最大級の哺乳類。地面を掘り起こして食べ物を探していたとみられている。

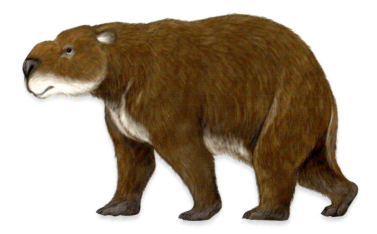

脊椎動物 単弓類 獣弓類 哺乳類 有袋類
双前歯類 カンガルー類

エカルタデタ
Ekaltadeta
■新生代新第三紀中新世 ⑩

産 オーストラリア　大 身長：1.5m

肉食性のカンガルー。体つきは、現生のカンガルーのようにスマートではなく、がっしりとしていた。

脊椎動物 単弓類 獣弓類 哺乳類 有袋類
双前歯類 カンガルー類

ヒプシプリムノドン・バルソロマイイ
Hypsiprymnodon bartholomaii
■新生代新第三紀中新世 ⑩

産 オーストラリア
大 大きさ：ネズミ程度

現生のニオイネズミカンガルーと同属別種。

脊椎動物 単弓類 獣弓類 哺乳類 有袋類
双前歯類 カンガルー類

プロコプトドン
Procoptodon
■新生代第四紀更新世 ⑩

産 オーストラリア　大 身長：3m

圧倒的な巨体をもつカンガルー。跳ねることはできず、2本の脚で歩いて移動していたとみられている。

脊椎動物 単弓類 獣弓類 哺乳類 真獣類

脊椎動物 単弓類 獣弓類 哺乳類 真獣類

ジュラマイア
Juramaia
■ 中生代ジュラ紀 ❻

産 中国　大 前半身の長さ：5cm

これまでに知られている限り、最古の真獣類。真獣類は胎盤を通して胎児を育てることを特徴とするグループだが、本種は胎盤をもっていなかったとみられている。

脊椎動物 単弓類 獣弓類 哺乳類 真獣類

エオマイア
Eomaia
■ 中生代白亜紀 ❼

産 中国　大 頭胴長：10cm

樹上生活をしていたとされる哺乳類。

脊椎動物 単弓類 獣弓類 哺乳類 真獣類 長鼻類
モエリテリウム
Moeritherium
■新生代古第三紀始新世〜漸新世 ❾

産 エジプト、リビア、アルジェリアほか
大 頭胴長：2m弱

胴長・短足の長鼻類。切歯が牙のように発達している。

脊椎動物 単弓類 獣弓類 哺乳類 真獣類 長鼻類
フォスファテリウム
Phosphatherium
■新生代古第三紀暁新世〜始新世 ❾

産 モロッコ　大 頭胴長：60cm

現生のカバを細くしたような姿をしていたとみられているが、実際のところはよくわかっていない。

脊椎動物 単弓類 獣弓類 哺乳類 真獣類 長鼻類
フィオミア
Phiomia
■新生代古第三紀始新世〜漸新世 ❾

産 ケニア、リビア、アンゴラほか　大 肩高：1.5m

下顎の切歯が平たくなっていた。また、頭骨の鼻孔が後退したため、鼻孔から口先まで太い鼻をのばして復元する場合が多い。

脊椎動物 単弓類 獣弓類 哺乳類 真獣類 長鼻類
プラティベロドン
Platybelodon
■新生代新第三紀中新世 ❾

産 中国、アメリカ、ロシアほか　大 肩高：2m

下顎の牙が平たく長くのびていて、まるでシャベルのようだった。

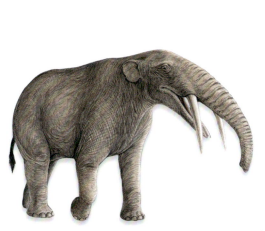

脊椎動物 単弓類 獣弓類 哺乳類 真獣類 長鼻類
ゴンフォテリウム
Gomphotherium
■■新生代新第三紀中新世〜第四紀更新世 ❾

産 ドイツ、中国、アメリカほか　大 肩高：3m

上顎の牙は円錐形、下顎の牙は横方向に少しつぶれていた。

脊椎動物 単弓類 獣弓類 哺乳類 真獣類 長鼻類
デイノテリウム
Deinotherium
■■新生代新第三紀中新世〜第四紀更新世 ❾

産 ケニア、ウクライナ、パキスタンほか
大 肩高：4m

下顎の牙が下に向かって発達し、しかも反り返る。その牙の先端はやや後方を向いていた。

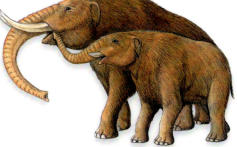

脊椎動物 単弓類 獣弓類 哺乳類 真獣類 長鼻類
アナンクス
Anancus
■■新生代新第三紀中新世〜第四紀更新世 ❾

産 イタリア、ルーマニア、ケニアほか
大 肩高：3m

上顎の牙がまっすぐ長くのびる。その長さはときに自らの肩高に匹敵する。

脊椎動物 単弓類 獣弓類 哺乳類 真獣類 長鼻類
アメリカマストドン
Mammut americanum
■■新生代新第三紀鮮新世〜第四紀更新世 ❿

産 アメリカ、カナダ、メキシコ　大 肩高：3m

一見するとマンモスによく似ているように見えるが、マンモスの属するゾウ類とは別の「マムート類」という、より原始的な長鼻類グループに属する。基本的にマンモスよりも小柄。森林を好んでいたとされる。

下顎の牙だけがのびる長鼻類

　2016年、中国科学院の王世驍たちは、中国北部、寧夏回族自治区に分布する新生代新第三紀の中新世中期の地層から、プラティベロドン（▶ P.108）によく似た新種の長鼻類の化石を報告した。その長鼻類は、プラティベロドンのように長い下顎の牙をもつ一方で、上顎の牙を完全に欠いていた。王たちは、この長鼻類を「**アファノベロドン・ジャオイ**（*Aphanobelodon zhaoi*）」と名づけた。「*Aphano*」は「不可視」、「*belodon*」は前歯を意味している。また「*zhaoi*」は発見者への献名だ。

　アファノベロドンの化石は、同じ場所から成体の雄が1標本、成体の雌が2標本、亜成体が4標本に、幼体が3標本発見された。しかも、そのすべての標本が、極めて良質に保存されていた。これらが家族であったのかどうかは定かではないが、何らかの理由でこのアファノベロドンたちは集団死していたのである。

　アファノベロドンたちの最期を思うと胸が苦しくなるが、古生物学においてはこれは好都合だ。なにしろ、成長の変化や性差も研究することができるのである。成長順に並べた結果、下顎の牙は順調に成長するものの、やはり上顎に牙が生えることは確認されなかった。雌雄ともに、である。長鼻類において、さまざまな成長段階で雄にも雌にも「上顎の牙がまったくない」というのは珍しい特徴だ。

上段は復元図。下段はアファノベロドンの各成長段階の化石。左から、赤ん坊の化石、幼体の頭骨、亜成体の雄のものとされる頭骨、亜成体の雌のものとされる頭骨、成体の雌のものとされる頭骨、成体の雄のものとされる頭骨。どの段階においても、上顎に牙の発達は見られない。
（Photo：王 世驍）

脊椎動物 単弓類 獣弓類 哺乳類 真獣類
長鼻類 ゾウ類

ステゴテトラベロドン
Stegotetrabelodon
■新生代新第三紀中新世〜鮮新世 ❾

産 ケニア、ウガンダ、エチオピアほか
大 肩高：3m

現生ゾウ類とよく似るが、上顎・下顎からそれぞれ1対ずつ、合計4本の牙がまっすぐのびる。

脊椎動物 単弓類 獣弓類 哺乳類 真獣類
長鼻類 ゾウ類

メリジオナリスマンモス
Mammuthus meridionalis
■新生代第四紀更新世 ❿

産 フランス、ドイツ、アゼルバイジャンほか
大 肩高：3.6m

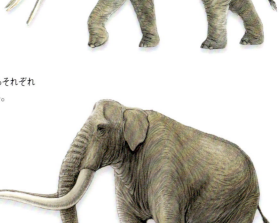

「メリジオナリスゾウ」ともよばれる。アフリカで誕生したマンモス属がヨーロッパに渡り、進化したとされる種。トロゴンテリーマンモスや、112ページのケナガマンモスの系譜に連なる。3種のなかでは最も原始的である。

脊椎動物 単弓類 獣弓類 哺乳類 真獣類
長鼻類 ゾウ類

トロゴンテリーマンモス
Mammuthus trogontherii
■新生代第四紀更新世 ❿

産 ドイツ、イギリス、チェコほか
大 肩高：3.6m

「トロゴンテリーゾウ」ともよばれる。メリジオナリスマンモスと、112ページのケナガマンモスをつなぐ存在といわれる。

脊椎動物 単弓類 獣弓類 哺乳類 真獣類
長鼻類 ゾウ類

ケナガマンモス
Mammuthus primigenius
■新生代第四紀更新世 ⑩

産 ロシア、日本、アメリカほか　大 肩高：3.5m

「ケマンモス」「マンモスゾウ」などともよばれる。111ページのトロゴンテリーマンモスから進化したとされ、更新世の北半球北部で大繁栄した。全身を覆う長い毛が二層構造になっていたり、肛門に蓋をすることができたりなど、"耐寒性能"が高い。

脊椎動物 単弓類
獣弓類 哺乳類
真獣類 長鼻類 ゾウ類

コロンビアマンモス
Mammuthus columbi
■新生代第四紀更新世 ⑩

産 アメリカ、カナダ、メキシコほか
大 肩高：3.9m

「インペリアルマンモス」ともよばれる。マンモス属のなかでは屈指の大きさを誇る。北アメリカに生息した過去から現在までのすべての陸上哺乳類のなかで最大。

脊椎動物 単弓類
獣弓類 哺乳類 真獣類
長鼻類 ゾウ類

ナウマンゾウ
Palaeoloxodon naumanni
■新生代第四紀更新世 ⑩

産 日本、中国、朝鮮半島　大 肩高：3m

北海道から九州までのほぼ全国から化石が見つかっているゾウ類。名前は、明治時代に来日したH・E・ナウマンに由来する。最大の特徴は頭部にあり、まるでベレー帽をかぶっているように、前頭部に出っ張りがある。温帯の落葉広葉樹林や、針広混交林を好んだとみられている。

脊椎動物 単弓類 獣弓類 哺乳類 真獣類 束柱類
アショロア
Ashoroa
■新生代古第三紀漸新世 ❿

産 日本 大 全長：1.8m

原始的な束柱類。束柱類の特徴の一つとして「柱が束になったような形の臼歯」が挙げられるが、アショロアはそれが不十分である。

脊椎動物 単弓類 獣弓類 哺乳類 真獣類 束柱類
ベヘモトプス
Behemotops
■新生代古第三紀漸新世 ❿

産 日本、アメリカ、カナダ 大 全長：3m

アショロアと同じく"柱が束になりきっていない臼歯"をもつ原始的な束柱類。

脊椎動物 単弓類 獣弓類 哺乳類 真獣類 束柱類
パレオパラドキシア
Paleoparadoxia
■新生代新第三紀中新世 ❿

産 日本、アメリカ、メキシコ 大 全長：3m

"柱が束になりかけているような形の臼歯"をもつ束柱類。

脊椎動物 単弓類 獣弓類 哺乳類 真獣類 束柱類
デスモスチルス
Desmostylus
■新生代新第三紀中新世 ❿

産 日本、ロシア、アメリカほか 大 全長：2.5m

"柱が束になったような形の臼歯"をもつ束柱類。復元姿勢についてさまざまな見解がある。泳ぎが上手だったという見方もある。

脊椎動物 単弓類 獣弓類
哺乳類 真獣類 重脚類

アルシノイテリウム ❾
Arsinoitherium

■新生代新第三紀始新世〜漸新世

産 エジプト、オマーン、リビアほか
大 頭胴:3.5m

吻部に、前から見ると「V」に見える一対のツノをもつ。重脚類は謎の多いグループで、系統関係もわかっていない。

脊椎動物 単弓類 獣弓類 哺乳類 真獣類 被甲類

グリプトドン
Glyptodon

■新生代第四紀更新世 ❿

産 アルゼンチン、ブラジル、ボリビアほか
大 全長:3m

現生のアルマジロの仲間と祖先を同じくする。高さ1.5mにおよぶ背甲が特徴。カメ類の甲羅とちがい、この背甲は小さな骨の板が並んでできている。尾はやたらとゴツゴツしている。グリプトドン類の代表種。

脊椎動物 単弓類 獣弓類
哺乳類 真獣類 有毛類

メガテリウム
Megatherium

■■新生代新第三紀鮮新世〜第四紀更新世 ❿

産 アルゼンチン、ボリビア、ブラジルほか
大 全長:6m

「オオナマケモノ」ともよばれる。ただし、現生のナマケモノのように樹木に登ることはできなかった。一方で、太い尾を支えとしながら、がっしりとした後脚で立ち上がることができたとみられている。両手両足に太いつめがあった。洞窟内に棲んでいた可能性も指摘されている。

脊椎動物 単弓類 獣弓類 哺乳類
真獣類 レプティクティス類

レプティクティディウム
Leptictidium

■新生代古第三紀始新世 ❾

産 ドイツ、フランス、イギリス
大 頭胴長:40cm

前脚が短く、後脚が長い。「大股の駆け足」をしていたとされる。

脊椎動物 単弓類 獣弓類 哺乳類 真獣類 翼手類
オニコニクテリス
Onychonycteris
■新生代古第三紀始新世 ❾

産 アメリカ　大 頭胴長：10cm

"最古のコウモリ"の一つ。耳の構造は現生種のようなエコロケーションには適していなかった。

脊椎動物 単弓類 獣弓類 哺乳類 真獣類 翼手類
イカロニクテリス
Icaronycteris
■新生代古第三紀暁新世〜始新世 ❾

産 アメリカ、フランスほか　大 頭胴長：10cm

"最古のコウモリ"の一つ。耳の構造がすでにエコロケーションに適していた。

脊椎動物 単弓類 獣弓類 哺乳類 真獣類 翼手類
マクロデルマ・ギガス
Macroderma gigas
■■新生代新第三紀鮮新世〜現在 ❿

産 オーストラリア　大 翼開長：60cm

「ゴースト・バット」の俗称をもつ。現在もオーストラリアで生きている。獰猛な肉食性。

脊椎動物 単弓類 獣弓類
哺乳類 真獣類 霊長類
アーキセブス
Archicebus
■新生代古第三紀始新世 ⑩

産 中国　大 全長：7cm

体重わずか20〜30gの初期霊長類。知られている限り最古の直鼻猿類でもある。

脊椎動物 単弓類 獣弓類
哺乳類 真獣類 霊長類
ダーウィニウス
Darwinius
■新生代古第三紀始新世 ⑨

産 ドイツ　大 全長：58cm

「イーダ」の愛称をもつ標本で知られる。手足の指が長く、親指がほかの指と向かい合って付いていることが特徴で、樹上生活をしていたと考えられている。後脚は、ほかの木々へ飛び移るのに使われていたようだ。人類へつながる「直鼻猿類」か、人類につながらない「曲鼻猿類」かで意見が分かれ、現在は後者の見方が有力である。

「ルーシー」の死因は、樹木からの落下か？

　人類の進化史に燦然と輝く化石標本がある。エチオピアの約320万年前（新生代新第三紀漸新世）の地層から発見された、アウストラロピテクス・アファレンシス（*Australopithecus afarensis*）の骨格化石だ。「ルーシー」の愛称でも知られている。第10巻のエピローグでも紹介した標本である。

　このルーシーの「死因」を特定したとする論文が、2016年に、アメリカ、テキサス大学のジョン・カッペルマンたちによって発表されている。ルーシーの骨格における破損箇所を徹底的に調べたカッペルマンたちは、大腿骨や骨盤を中心に見られる破損を「まっすぐ下に落ちたときにできる傷」であると結論づけた。

　カッペルマンたちによると、ルーシーはその日、樹木に登っていた。相当高い場所、地上14mにまで登っていたと算出されている。しかし何らかの理由で落下して、地面に激突。各所を骨折し、内臓を激しく傷つけた。衝突時の落下速度は時速60kmに達していたと推測され、「即死」であっただろうとみられている。

　ただし、知名度のある個体だけに、この研究には異論も多い。『ナショナルジオグラフィック』は論文発表から間もない2016年8月31日の記事として、「ほかの可能性を考えるべき」という旨の複数の研究者のコメントを掲載している。

脊椎動物 単弓類 獣弓類
哺乳類 真獣類 肉歯類
ヒアエノドン
Hyaenodon

■新生代古第三紀始新世〜
新第三紀中新世 ❾

産 アメリカ、フランス、中国ほか
大 頭胴長：1m

足が速く、また、その臼歯は獲物の肉を
裂くことに適していた。

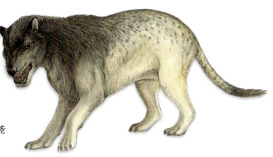

脊椎動物 単弓類 獣弓類
哺乳類 真獣類 肉歯類
メジストテリウム
Megistotherium

■新生代新第三紀中新世 ❾

産 エジプト、ケニア、リビア
大 頭胴長：3.5m

肉食哺乳類としては、メソニクス類
のアンドリュウサルクス（▶P.124）と並
んで史上最大級。発達した犬歯と
頑丈な臼歯をもつ。

脊椎動物 単弓類 獣弓類
哺乳類 真獣類 食肉類
ミアキス
Miacis

■新生代古第三紀始新世 ❾

産 アメリカ、中国、フランスほか
大 頭胴長：20cm

イヌ型類とネコ型類の共通祖先に近いと
される。樹上で暮らす蹠行性の哺乳類。

脊椎動物 単弓類 獣弓類 哺乳類
真獣類 食肉類 ネコ型類 ニムラブス類

ディニクチス
Dinictis

■新生代古第三紀始新世〜漸新世 ❾

産 アメリカ、カナダ 大 頭胴長：90cm

長い犬歯をもつ。ニムラブス類の代表的な存在で、比較的華奢な骨格をしていた。半蹠行性。

脊椎動物 単弓類 獣弓類 哺乳類
真獣類 食肉類 ネコ型類 ニムラブス類

ホプロフォネウス
Hoplophoneus

■新生代古第三紀始新世〜漸進世 ❾

産 アメリカ、カナダ、タイ 大 頭胴長：1m

長い犬歯をもつ。ニムラブス類の代表的な存在で、がっしりとした四肢をもつ。

脊椎動物 単弓類 獣弓類 哺乳類
真獣類 食肉類 ネコ型類 バルボロフェリス類

バルボロフェリス
Barbourofelis

■新生代新第三紀中新世 ❾

産 アメリカ、カナダ 大 頭胴長：1.6m

長い犬歯をもつ。ネコ類ではないネコ型類のなかでは、最後まで生き残った属。がっしりとした骨格をもつ。半蹠行性。

脊椎動物 単弓類 獣弓類 哺乳類
真獣類 食肉類 ネコ型類 ネコ類

メタイルルス
Metailurus

■新生代新第三紀中新世〜第四紀更新世 ❾

産 中国、ギリシア、ケニアほか
大 頭胴長：1.5m

いわゆる「サーベルタイガー」の一種。全体的に現生のピューマに似るが、後脚が長い。

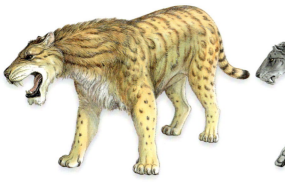

脊椎動物 単弓類 獣弓類 哺乳類
真獣類 食肉類 ネコ型類 ネコ類

マカイロドゥス
Machairodus

■■新生代新第三紀中新世〜第四紀更新世 ⑨

産 アメリカ、中国、南アフリカなど
大 頭胴長：2m

いわゆる「サーベルタイガー」の一種。全体的には現生のトラに似るが、トラよりも首が長く、筋肉質。

脊椎動物 単弓類 獣弓類 哺乳類
真獣類 食肉類 ネコ型類 ネコ類

ホモテリウム
Homotherium

■■新生代新第三紀鮮新世〜第四紀更新世 ⑨

産 アメリカ、タンザニア、ケニアなど
大 肩高：1.1m

いわゆる「サーベルタイガー」の一種で、マカイロドゥスに近縁。

脊椎動物 単弓類 獣弓類 哺乳類
真獣類 食肉類 ネコ型類 ネコ類

ゼノスミルス
Xenosmilus

■■新生代新第三紀鮮新世〜第四紀更新世 ⑨

産 アメリカ 大 肩高：1m

いわゆる「サーベルタイガー」の一種。がっしりとした四肢をもち、狭い吻部を特徴とする。

脊椎動物 単弓類 獣弓類 哺乳類
真獣類 食肉類 ネコ型類 ネコ類

メガンテレオン
Megantereon

■■新生代新第三紀鮮新世〜第四紀更新世 ⑨

産 中国、アメリカ、ケニアほか
大 頭胴長：1.4m

いわゆる「サーベルタイガー」の一種。現生のジャガーに似た姿のもち主で、「強さと優美さのバランスがとれている」といわれる美形。

脊椎動物 単弓類 獣弓類 哺乳類
真獣類 食肉類 ネコ型類 ネコ類
スミロドン
Smilodon
■新生代第四紀更新世末　❾❿
産 アメリカ、ボリビア、アルゼンチンほか
大 頭胴長：1.7m

いわゆる「サーベルタイガー」の一種であり、その代表的な存在。近縁のメガンテレオンと比べるとがっしりとしている。四肢は短く、筋肉質。短い尾を特徴とする。その長い犬歯は、1日6mmのスピードでのびたようだ。復元図は、大きい方がスミロドン・ポプラトール、小さい方がスミロドン・ファタリス。

脊椎動物 単弓類 獣弓類 哺乳類
真獣類 食肉類 ネコ型類 ネコ類
アメリカライオン
Panthera atrox
■新生代第四紀更新世　❿
産 アメリカ、カナダ、メキシコほか
大 頭胴長：3.8m

肉歯類のメジステリウム(▶P.117)、メソニクス類のアンドリュウサルクス(▶P.124)に並ぶ、最大級の肉食哺乳類。外見は現生のライオンとよく似る。

脊椎動物 単弓類
獣弓類 哺乳類
真獣類 食肉類
ネコ型類 ネコ類
ホラアナライオン
Panthera spelaea
■新生代第四紀更新世　❿
産 フランス、スペイン、ロシアほか
大 頭胴長：2.7m

「ドウクツライオン」とも。化石は、ユーラシア各地で見つかっている。現生のライオンに近い見た目をしているが、遺伝子解析の結果、アメリカライオン(絶滅種)に近いとされる。また、フランスのラスコー洞窟の壁画によれば、たてがみをもっておらず、尾の先に房がない。

脊椎動物 単弓類 獣弓類 哺乳類
真獣類 食肉類 ネコ型類 ハイエナ類
ホラアナハイエナ
Crocuta crocuta spelaea
■新生代第四紀更新世　❿
産 スペインほか、おもにユーラシア北部
大 頭胴長：1.5m

現生のハイエナと比べるとやや大型。マンモスの骨を噛み砕くこともできたとされる。

脊椎動物 単弓類 獣弓類 哺乳類
真獣類 食肉類 イヌ型類 イヌ類

ヘスペロキオン
Hesperocyon

■新生代古第三紀始新世〜漸新世 ⑨

産 アメリカ、カナダ　大 頭胴長：40cm

最古級のイヌ類で、現生のイエイヌの子犬、あるいは幼犬並みのサイズである。現生のイヌは前脚の指が5本、後脚の指が4本ある。対して、ヘスペロキオンは前後ともに5本の指があった。樹木を登ることができたとみられている。蹠行性(しょこう)。

脊椎動物 単弓類 獣弓類 哺乳類 真獣類 肉歯類

レプトキオン
Leptocyon

■■新生代古第三紀漸新世〜新第三紀中新世 ⑨

産 アメリカ、カナダ
大 頭胴長：50cm

種として1000万年をこえる"長寿のもち主"であり、現生のカニス属の"祖先"になったとされる。完全な趾行性。

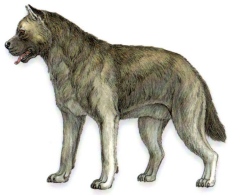

脊椎動物 単弓類 獣弓類 哺乳類
真獣類 食肉類 イヌ型類 イヌ類

カニス・ダイルス
Canis dirus

■新生代第四紀更新世 ⑨⑩

産 アメリカ、メキシコ、ペルーほか
大 頭胴長：1.5m

「ダイアウルフ」のよび名で知られる。現生オオカミの1.5倍もの「噛む力」をもつ。大規模な群れをつくって行動していたとみられている。アメリカのロサンゼルスにある"タールの池"では、群れごとタール（正確にはアスファルト）にはまり、死に至った可能性が指摘されている。

脊椎動物 単弓類 獣弓類 哺乳類
真獣類 食肉類 イヌ型類 ボロファグス類

ボロファグス
Borophagus

■新生代新第三紀中新世〜鮮新世 ⑨

産 アメリカ、メキシコ、ホンジュラスほか
大 頭胴長：1.2m

獲物を骨ごと噛み砕く「ボーンクラッシャー」。当時の最強の捕食者の一つ。

脊椎動物 単弓類 獣弓類 哺乳類
真獣類 食肉類 イヌ型類 アンフィキオン類

アンフィキオン
Amphicyon

■新生代新第三紀中新世〜鮮新世 ❾

産 アメリカ、フランス、パキスタンほか
大 頭胴長：2m

太い首と頑丈な四肢をもつ。アンフィキオン類は、イヌ類よりも肉食に特化したグループ。

脊椎動物 単弓類 獣弓類 哺乳類
真獣類 食肉類 イヌ型類 クマ類

ヘミキオン
Hemicyon

■新生代新第三紀中新世 ❾

産 フランス、中国、スロバキアほか
大 頭胴長：1.5m

イヌ類に近い姿をしたクマ類。

脊椎動物 単弓類 獣弓類 哺乳類
真獣類 食肉類 イヌ型類 クマ類

アルクトドゥス
Arctodus

■新生代第四紀更新世 ❾

産 アメリカ、メキシコ、カナダほか
大 頭胴長：2m

"short-faced and long-legged" と形容されるクマ類。第四紀更新世の北アメリカで最大の捕食者だった。

脊椎動物 単弓類 獣弓類 哺乳類
真獣類 食肉類 イヌ型類 クマ類

ホラアナグマ
Ursus spelaeus

■新生代第四紀更新世 ❿

産 イタリア、イギリス、ドイツほか
大 頭胴長：2m

ユーラシア北部に広く分布していたクマ類。文字通り、洞穴から化石がよく見つかる。植物食でありながら、「当時、最も恐ろしい動物の一つ」と形容される。

脊椎動物 単弓類 獣弓類 哺乳類
真獣類 食肉類 イヌ型類

ペウユラ
Puijila

■新生代新第三紀中新世 ❿

産 カナダ 大 全長：1m

イヌ型類のなかの鰭脚類の共通祖先に最も近いとされる動物。四肢には水かきがあったとみられるものの、鰭脚ではない。「プイジラ」ともよばれる。

脊椎動物 単弓類 獣弓類 哺乳類
真獣類 食肉類 イヌ型類 鰭脚類

エナリアルクトス
Enaliarctos

■新生代古第三紀漸新世〜新第三紀中新世 ❿

産 アメリカ 大 頭胴長：1.5m

最古の鰭脚類。「最古」とはいえ、すでに現生のアシカの仲間にそっくりである。

脊椎動物 単弓類 獣弓類 哺乳類
真獣類 食肉類 イヌ型類 鰭脚類 アザラシ類

アクロフォカ
Acrophoca

■新生代新第三紀中新世 ❿

産 ペルー、チリ 大 頭胴長：2m

口先から足の先まで全身が流線型。水中を泳ぎ回っていたとみられている。

脊椎動物 単弓類 獣弓類 哺乳類
真獣類 食肉類 イヌ型類 鰭脚類 セイウチ類

ゴンフォタリア
Gomphotaria

■新生代新第三紀中新世 ❿

産 アメリカ 大 頭部の大きさ：47cm

セイウチに似ているが、セイウチとちがい、上だけでなく下の顎からも太い牙が生えている。

脊椎動物 単弓類 獣弓類 哺乳類
真獣類 食肉類 イヌ型類 鰭脚類 デスマトフォカ類

アロデスムス
Allodesmus

■新生代新第三紀中新世 ❿

産 日本、アメリカ、メキシコ 大 全長：2.2m

強固に発達した前脚が特徴。デスマトフォカ類は、アザラシに近縁とされる絶滅グループ。

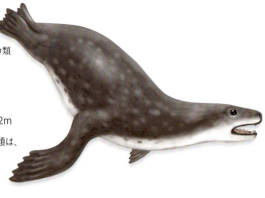

脊椎動物 単弓類 獣弓類 哺乳類
真獣類 メソニクス類

アンドリュウサルクス
Andrewsarchus

■新生代古第三紀始新世 ❾

産 中国 大 頭胴長：3.5m

肉食哺乳類としては、肉歯類のメジストテリウム（▶P.117）と並んで史上最大級。吻部が長いことが特徴で、その長さは80cmをこえた。頭部全体に注目しても、頭胴長の約4分の1を占める。

脊椎動物 単弓類 獣弓類 哺乳類
真獣類 鯨偶蹄類

インドヒウス
Indohyus

■新生代古第三紀始新世 ❾

産 インド、パキスタンほか 大 頭胴長：40cm

長い尾をもつ。完全な陸棲ではなく、水中に潜る生活を送っていたことが指摘されている。いわゆる「クジラ類」の祖先に最も近い偶蹄類とされている。

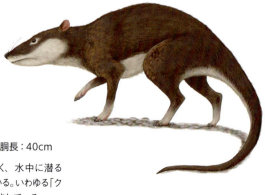

脊椎動物 単弓類 獣弓類 哺乳類
真獣類 鯨偶蹄類 ムカシクジラ類

パキケトゥス
Pakicetus

■新生代古第三紀始新世 ❾

産 インド、パキスタン　大 頭胴長：1m

半水半陸生。眼の位置が高い。手足の指には、水かきがあった可能性が指摘されている。耳の構造は、"水中仕様"になっていた。

脊椎動物 単弓類 獣弓類 哺乳類
真獣類 鯨偶蹄類 ムカシクジラ類

アンブロケトゥス
Ambulocetus

■新生代古第三紀始新世 ❾

産 パキスタン　大 頭胴長：2.7m

長い吻部と尾をもち、四肢は比較的短め。後脚には水かきがあった可能性が指摘されている。歯の化石の解析から、陸上動物を襲っていたとみられている。

アンブロケトゥスは、陸上を歩けない？

　ムカシクジラ類の一種であるアンブロケトゥスは、半陸半水棲の哺乳類であると考えられてきた。しかし、この生態は変更されることになるかもしれない。
　2016年、名古屋大学大学院の安藤瑚奈美と名古屋大学博物館の藤原慎一は、「肋骨の強度」に注目した研究を発表した。
　そもそも陸上で四足歩行をする動物は、体の体重の前半分を前脚で支える。ただし、その前脚は四足動物の"中心軸"である脊椎とは関節しておらず、筋肉を介して肋骨へとつながる。つまり、前脚で支える分の体重は肋骨にかかる。そのため、陸上四足歩行をする動物にとって「肋骨がいかに丈夫であるか」は、とても大切な要素となる。一方、水棲動物であれば、浮力が働くこともあり、肋骨に強度はさほど必要ない。
　安藤と藤原は、26種の現生哺乳類と、アンブロケトゥスを含む4種の絶滅哺乳類の肋骨の比較検討を行った。その結果、アンブロケトゥスの肋骨強度は、現生哺乳類の水棲種と類似して弱いことが示された。安藤たちは、アンブロケトゥスは半陸半水棲ではなく、完全に水中生活に適応していた可能性が高い、と指摘している。
　なお、この研究ではパレオパラドキシア（*Paleoparadoxia*）やデスモスチルス（*Desmostylus*）（ともに▶P.113）などの束柱類も分析の対象となっている。これらの分析の結果、パレオパラドキシアは完全な水棲であり、デスモスチルスは陸棲もしくは半陸半水棲であることが示唆された。

脊椎動物 単弓類 獣弓類 哺乳類
真獣類 鯨偶蹄類 ムカシクジラ類

クッチケトゥス
Kutchicetus

■新生代古第三紀始新世 ❾

産 インド　大 全長：2m

半水半陸生。後頭部が高くもち上がり、眼の位置も高い。全長の半分を占める長い尾が特徴。

脊椎動物 単弓類 獣弓類 哺乳類
真獣類 鯨偶蹄類 ムカシクジラ類

マイアケトゥス
Maiacetus

■新生代古第三紀始新世 ❾

産 パキスタン　大 頭胴長：2.6m

半水半陸生。胎児を抱えている標本が見つかっている。「頭から出す」出産方法だったとみられている。これは、現生クジラ類とは逆である。

脊椎動物 単弓類 獣弓類 哺乳類
真獣類 鯨偶蹄類 ムカシクジラ類

バシロサウルス
Basilosaurus

■新生代古第三紀始新世 ❾

産 アメリカ、エジプト、イギリスほか
大 全長：20m

巨体の割に小さな頭と、小さな後脚を特徴とするムカシクジラ類。完全な水中適応を成し遂げていたとみられている。なお、哺乳類なのに「サウルス（＝トカゲ）」の名をもつ理由は、当初、本種の標本が爬虫類のものであると考えられていたため。

脊椎動物 単弓類 獣弓類 哺乳類
真獣類 鯨偶蹄類 ムカシクジラ類

ドルドン
Dorudon

■新生代古第三紀始新世 ❾

産 アメリカ、エジプト、ニュージーランドほか
大 全長：5.5m

現生のイルカ類に似ているが、小さな後脚をもっているという大きなちがいがある。

脊椎動物 単弓類 獣弓類 哺乳類
真獣類 鯨偶蹄類 ヒゲクジラ類

リャノケトゥス
Llanocetus

■新生代古第三紀始新世〜漸新世 ❾

産 南極大陸、ニュージーランド
大 頭骨長：2m

ヒゲクジラ類ではあるが、ムカシクジラ類のような歯をもつ。全身は不明。「ヤノケトゥス」とも。

脊椎動物 単弓類 獣弓類 哺乳類
真獣類 鯨偶蹄類 ヒゲクジラ類

エティオケトゥス
Aetiocetus

■新生代古第三紀漸新世 ❾

産 日本、アメリカ、メキシコ 人 全長：3m

ヒゲクジラ類ではあるが、ハクジラ類のような歯をもつ。その一方で、ひげ板も確認されている。

脊椎動物 単弓類
獣弓類 哺乳類
真獣類 鯨偶蹄類 ヒゲクジラ類

ジャンジュケトゥス
Janjucetus

■新生代古第三紀漸新世 ❾

産 オーストラリア 大 頭骨長：42cm

ヒゲクジラ類ではあるが、ひげ板をもたない。寸詰まりな頭部が特徴。

脊椎動物 単弓類 獣弓類 哺乳類
真獣類 鯨偶蹄類 ヒゲクジラ類

ヤマトケトゥス
Yamatocetus

■新生代古第三紀漸新世 ❾

産 日本 大 頭骨長：115cm

ヒゲクジラ類ではあるが、歯の痕跡をもつ。ただし、その歯が口腔の粘膜の外に出ていたかどうかはよくわかっていない。

脊椎動物 単弓類 獣弓類 哺乳類 真獣類
鯨偶蹄類 マナジカ類

シンディオケラス
Syndyoceras

■■新生代古第三紀漸新世～
新第三紀中新世 ❿

産 アメリカ 大 頭胴長：1.5m

吻部に、基部で枝分かれしている「V」字型の
ツノをもつ。

脊椎動物 単弓類 獣弓類 哺乳類 真獣類
鯨偶蹄類 マナジカ類

シンテトケラス
Synthetoceras

■新生代新第三紀中新世 ❿

産 アメリカ、メキシコ 大 頭胴長：2m

吻部に「Y」字型のツノをもつ。

脊椎動物 単弓類 獣弓類 哺乳類 真獣類
鯨偶蹄類 エンテロドン類

アルカエオテリウム
Archaeotherium

■新生代古第三紀始新世～漸新世 ❾

産 アメリカ、カナダ 大 頭胴長：1.5m

「巨大な殺し屋豚」「地獄から来た豚」の異名をも
つ。四肢が長い。

脊椎動物 単弓類 獣弓類 哺乳類 真獣類
鯨偶蹄類 反芻類 キリン類

サモテリウム
Samotherium

■新生代新第三紀中新世〜鮮新世 ⑩

産 中国、アルジェリア、エジプトほか
大 肩高：1.5m

現生キリンほどではないにしろ、祖先よりは首が長いキリン類。

脊椎動物 単弓類 獣弓類 哺乳類 真獣類
鯨偶蹄類 反芻類 キリン類

シバテリウム
Sivatherium

■■新生代新第三紀中新世?〜第四紀更新世 ⑩

産 タンザニア、ケニア、エチオピアほか
大 肩高：2.2m

翼のような形のツノをもつキリン類。祖先は首が少し長かったとみられている。キリンはキリンでも、現生のキリンよりは、オカピに近い系統とされる。

脊椎動物 単弓類 獣弓類 哺乳類 真獣類
鯨偶蹄類 反芻類 プロングホーン類

イリンゴケロス
Illingoceros

■新生代新第三紀中新世 ⑩

産 アメリカ 大 肩高：80cm

螺旋を描きながらまっすぐ長くのびるツノをもつ。

脊椎動物 単弓類 獣弓類 哺乳類 真獣類
鯨偶蹄類 反芻類 プロングホーン類

ヘキサメリックス
Hexameryx

■新生代新第三紀鮮新世 ⑩

産 アメリカ 大 肩高：70cm

三つに分かれたツノを2本もつ。

脊椎動物 単弓類 獣弓類 哺乳類
真獣類 鯨偶蹄類 反芻類 シカ類

メガロケロス・ギガンテウス
Megaloceros giganteus
■新生代第四紀更新世 ❿

産 オランダ、イギリスほか 大 肩高：1.8m

「ギガンテウスオオツノジカ」「アイリッシュ・エルク」ともよばれる。知られている限り最も大きなツノをもつシカ類で、その左右幅はじつに3mに達する。フランスのラスコー洞窟に、本種とみられる壁画がある。

脊椎動物 単弓類 獣弓類 哺乳類
真獣類 鯨偶蹄類 反芻類 シカ類

ヤベオオツノジカ
Sinomegaceros yabei
■新生代第四紀更新世 ❿

産 日本 大 肩高：1.7m

日本固有の大型のシカ。その名が示す通りツノは大きいが、左右幅は1.5mほどで、あまり広がらない。ツノの根元で前後に分かれており、それぞれの先端は平たくなっている。

脊椎動物 単弓類 獣弓類 哺乳類
真獣類 鯨偶蹄類 反芻類

トリケロメリックス
Triceromeryx
■新生代新第三紀中新世 ⑩

産 スペイン　大 大きさ：不明

左右の眼の上に1本ずつ、頭頂部に1本と、合計3本のツノをもつ。

脊椎動物 単弓類 獣弓類 哺乳類
真獣類 鯨偶蹄類 反芻類

アンペロメリックス
Ampelomeryx
■新生代新第三紀中新世 ⑩

産 フランス、スペイン　大 ツノの長さ：20cm

平たい「Y」字状のツノをもつ。

脊椎動物 単弓類 獣弓類 哺乳類
真獣類 鯨偶蹄類 反芻類

プロリビテリウム
Prolibytherium
■新生代新第三紀中新世 ⑩

産 エジプト、リビア　大 ツノの幅：35cm

盾のように平たいツノをもつ。

脊椎動物 単弓類 獣弓類 哺乳類 真獣類 南蹄類

ホマロドテリウム
Homalodotherium

■新生代新第三紀中新世 ⑩

産 アルゼンチン、チリ　大 頭胴長：2m

後脚よりも前脚が長いという特徴がある。奇蹄類カリコテリウム類(▶P.136)によく似ている。

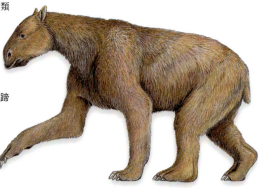

脊椎動物 単弓類 獣弓類 哺乳類 真獣類 南蹄類

トクソドン
Toxodon

■■新生代新第三紀鮮新世～第四紀更新世 ⑩

産 アルゼンチン、ブラジル、ボリビアほか
大 頭胴長：3m

「ツノがない」ということを別にすれば、奇蹄類サイ類とよく似ている。南蹄類のなかで、最後まで生き残っていたものの一つ。

脊椎動物 単弓類 獣弓類 哺乳類 真獣類 滑距類

トアテリウム
Thoatherium

■新生代新第三紀中新世 ⑩

産 アルゼンチン　大 肩高：50cm

奇蹄類ウマ類によく似た姿の動物。足の指の本数も、進化したウマ類と同じく1本指である。

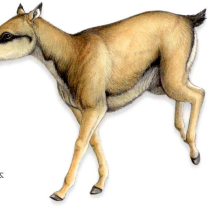

脊椎動物 単弓類 獣弓類 哺乳類 真獣類 輝獣類
アストラポテリウム
Astrapotherium
■■新生代古第三紀漸新世〜新第三紀中新世 ❿

産 アルゼンチン、チリ、コロンビアほか
大 頭胴：2.7m

奇蹄類バク類に似た鼻をもつとみられる。牙は一生の
び続けるという特徴があった。胴が長く、四肢は短い。

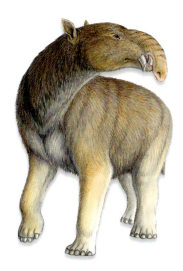

脊椎動物 単弓類 獣弓類 哺乳類
真獣類 奇蹄類 ブロントテリウム類
エムボロテリウム
Embolotherium
■新生代古第三紀始新世〜漸新世 ❾

産 中国、モンゴル 大 肩高：2.5m

羽子板のようなツノをもつ。ブロントテリウム類は
北アメリカを故郷とし、その後、アジアにも渡った
とされる。

脊椎動物 単弓類 獣弓類 哺乳類
真獣類 奇蹄類 ブロントテリウム類
メガセロプス
Megacerops
■新生代新第三紀始新世 ❾

産 カナダ、アメリカ 大 肩高：2.5m

「Y字型」のツノをもつ。かつては「ブロントテリウム
（*Brontotherium*）」とよばれていた。

脊椎動物 単弓類 獣弓類 哺乳類
真獣類 奇蹄類 ウマ類

ヒラコテリウム
Hyracotherium
■新生代古第三紀始新世 ❾

産 アメリカ、イギリス、フランスほか
大 頭胴長：50cm

ウマ類の祖先とされる。現生の小型犬〜中型犬ほどの大きさだった。前脚に4本、後脚に3本のひづめがある。主食は木の葉。

脊椎動物 単弓類 獣弓類 哺乳類
真獣類 奇蹄類 ウマ類

メソヒップス
Mesohippus
■新生代古第三紀始新世〜漸新世 ❾

産 アメリカ、カナダ、メキシコ
大 頭胴長：1m 弱

前後ともに足の指は3本ある。主食は木の葉。「三指馬（さんしば）」ともよばれる。

脊椎動物 単弓類 獣弓類 哺乳類
真獣類 奇蹄類 ウマ類

メリキップス
Merychippus
■新生代新第三紀中新世 ❾

産 アメリカ、メキシコ　大 肩高：90cm

ウマ類の進化史上、はじめて本格的な草食性となった種類。高さのある歯をもつ。指の本数は、前後ともに3本ずつ。

脊椎動物 単弓類 獣弓類 哺乳類
真獣類 奇蹄類 ウマ類

ヒッパリオン
Hipparion

■■新生代新第三紀中新世〜第四紀更新世 ❾

産 アメリカ、中国、スペインほか
大 肩高：150cm

前後の足の指の数は3本ずつあるものの、中央の指以外は接地していない。

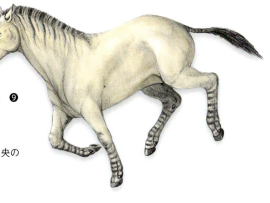

脊椎動物 単弓類 獣弓類 哺乳類
真獣類 奇蹄類 ウマ類

プリオヒップス
Pliohippus

■新生代新第三紀中新世〜鮮新世 ❾

産 アメリカ、メキシコ　大 肩高：150cm

ウマ類における"最後の進化段階"。前後の足の指の数は1本。現生ウマ類の直接の祖先とみられている。

脊椎動物 単弓類 獣弓類 哺乳類
真獣類 奇蹄類 ウマ類

プロパラエオテリウム
Propalaeotherium

■新生代古第三紀始新世 ❾

産 ドイツ、フランス、中国ほか
大 肩高：60cm

前脚に4本の指、後脚に3本の指をもつ。現生ウマ類への系譜とは異なる系統のウマ。

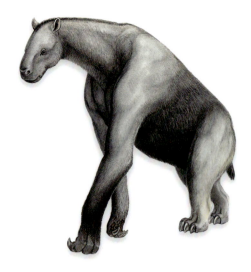

脊椎動物 単弓類 獣弓類 哺乳類
真獣類 奇蹄類 カリコテリウム類

カリコテリウム

Chalicotherium

■新生代新第三紀中新世 ⑩

産 フランス、インド、ウガンダほか
大 肩高：1.8m

前脚が後脚よりもかなり長いという、この仲間ならではの特徴が見られ、「カリコテリウム類のなかで、最も極端」と形容される。前足は指を内側に折り曲げて、"ナックルウォーク"をしていたとみられている。「ウマとゴリラの雑種に見える！」とも。

脊椎動物 単弓類 獣弓類 哺乳類
真獣類 奇蹄類 カリコテリウム類

モロプス

Moropus

■新生代新第三紀中新世 ⑩

産 アメリカ 大 肩高：1.8m

前脚が後脚よりも長い。また、奇蹄類に属しながらも、ひづめではなくかぎづめをもつ。

エディアカラ紀	カンブリア紀	オルドビス紀	シルル紀	デボン紀	石炭紀	ペルム紀
先カンブリア時代	古生代					

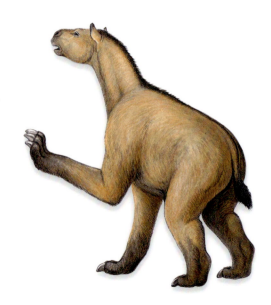

脊椎動物 単弓類 獣弓類 哺乳類
真獣類 奇蹄類 サイ類

インドリコテリウム
Indricotherium

■ 新生代古第三紀始新世〜漸新世 ❾

産 カザフスタン、モンゴル、中国
大 頭胴長：7.5m

「パラケラテリウム（*Paraceratherium*）」と分類されることも多い。史上最大級の陸上哺乳類。

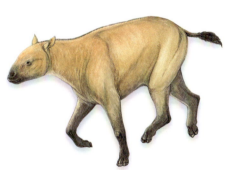

脊椎動物 単弓類 獣弓類 哺乳類
真獣類 奇蹄類 サイ類

ヒラコドン
Hyracodon

■ 新生代古第三紀始新世〜漸新世 ❾

産 アメリカ、カナダ　大 頭胴長：1.5m

「走るサイ」の異名をもつ。全体的に体のつくりが華奢。

脊椎動物 単弓類 獣弓類 哺乳類
真獣類 齧歯類

ジョセフォアルティガシア
Josephoartigasia

■■ 新生代新第三紀鮮新世〜第四紀更新世 ❿

産 ウルグアイ　大 全長：3m

推定全長3m、体重1tという、とんでもなく巨大な齧歯類。噛む力は、前歯で1400 N、奥歯は4000N以上になったという。

06 腕足動物

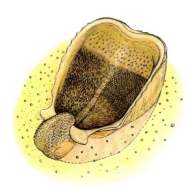

腕足動物
ワーゲノコンカ
Waagenoconcha
■■古生代石炭紀～ペルム紀　❹

産 世界各地　大 殻の幅：6cm

自身がとくに動かなくても、あらゆる方向から水流が殻内に入り込む設計になっており、その水流が有機物を運び込んでくれる。"究極の無気力戦略"を獲得した動物。

07 軟体動物

軟体動物
キンベレラ
Kimberella
■先カンブリア時代エディアカラ紀　❶

産 オーストラリア、ロシア、インド
大 全長：15cm

やわらかい殻をもち、その周囲にひだ（外套膜）、底面には腹足があるとされる。腕をのばし、自分の周囲の海底にたまった有機物を集めて食していたようだ。エディアカラ紀の生物としては珍しく、現生動物との類縁関係が指摘されている。

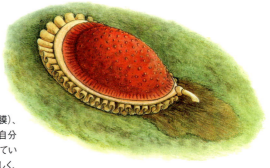

軟体動物
ハルキエリア
Halkieria
■古生代カンブリア紀　❶

産 グリーンランド、オーストラリアほか
大 全長：8cm

体には鱗がびっしり並び、前後に腕足動物に似た殻（つまり左右対称の形をした殻）を1枚ずつもっていた。

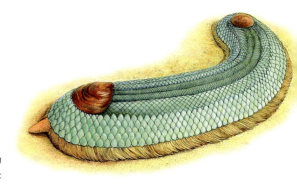

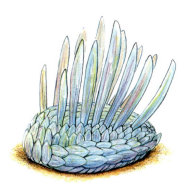

軟体動物
ウィワクシア
Wiwaxia
■古生代カンブリア紀　❶

産 カナダ、中国ほか　大 全長：6cm

全身を多数の鱗で覆い、背にはサーベルのような形のトゲが並ぶ。構造色をもっていたとみられている。

軟体動物
オドントグリフス
Odontogriphus
■古生代カンブリア紀　❶

産 カナダ　大 全長：12.5cm

歯舌、腹足、櫛鰓をもつ。かつては、謎の遊泳生物として復元されたが、研究の進展で海底を這う軟体動物であることが判明した。

軟体動物
オルソロザンクルス
Orthrozanclus
■古生代カンブリア紀　❶

産 カナダ　大 全長：1.1cm

全身を細かなキチン質の鱗で覆い、そこから大小40本のトゲをのばす。体の前部に、1枚だけ貝殻をのせていた。キチン質の鱗は構造色をもつ。

軟体動物 二枚貝類 厚歯二枚貝類
ダイセラス
Diceras
■■ 中生代ジュラ紀〜白亜紀 ❼

産 ポーランド、ルーマニア、フランスほか
大 長径：10cm 前後

「巻貝型」とよばれる。厚歯二枚貝類のなかでは、原始的とされる種類の一つ。

軟体動物 二枚貝類 厚歯二枚貝類
ティタノサルコリテス
Titanosarcolites
■ 中生代白亜紀 ❼

産 ジャマイカ、アメリカ、メキシコほか
大 長径：1m 以上

「哺乳類のツノ型」とよばれる。右殻、左殻ともにバッファローのツノのように長くなり、先端は弧を描く。水流の速い海底に横たわっていたとみられている。

軟体動物 二枚貝類 厚歯二枚貝類
ラディオリテス
Radiolites
■ 中生代白亜紀 ❼

産 イタリア、スペイン、メキシコほか
大 長径：6cm

「蓋付き湯飲み型」とよばれる。右殻が湯飲みのような深さがあり、左殻は平たく薄いという独特の形状。密集した化石が見つかることが多い。

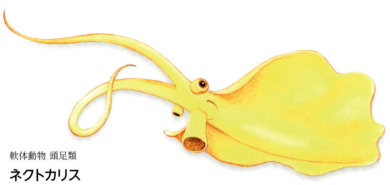

軟体動物 頭足類
ネクトカリス
Nectocaris
■古生代カンブリア紀　❶

産 カナダ、中国　大 全長：7.2cm

現生のツツイカ類によく似た姿のもち主。ただし、腕は2本しかない。一方で、現生の頭足類と同じような漏斗をもっていた。

軟体動物 頭足類 エンドセラス類
カメロケラス
Cameroceras
■古生代オルドビス紀　❷

産 アメリカ、中国、イギリスほか
大 全長：11m？

世界中のオルドビス紀の地層からよく化石が見つかる。円錐形の殻が目印の頭足類。

軟体動物 頭足類 アンモナイト類
プロタンキロセラス
Protancyloceras
■■中生代ジュラ紀〜白亜紀 ❻

産 フランス、キューバ、イタリアなど
大 長径：10cm弱

ジュラ紀末期に現れた異常巻きアンモナイト。

軟体動物 頭足類 アンモナイト類
アナゴードリセラス
Anagaudryceras
■中生代白亜紀 ❼

産 日本、アメリカ、南極大陸ほか
大 長径：10cm前後

平面螺旋状に殻が巻き、肋が発達する。

軟体動物 頭足類 アンモナイト類
スキポノセラス
Sciponoceras
■中生代白亜紀 ❼

産 ドイツ、アメリカ、日本ほか
大 殻の長さ：10cm前後

殻がまっすぐ円錐形にのびたアンモナイト類。上の復元図のように、蔓脚類に寄生されたとみられる標本が発見されている。

軟体動物 頭足類 アンモナイト類
ディディモセラス
Didymoceras
■中生代白亜紀 ❼

産 日本、アメリカ、南アフリカほか
大 高さ：15cm前後

最初は巻貝のように巻きはじめ、最外周が下に向かって垂れさがるという異色のアンモナイト。プラビトセラスの祖先型と考えられている。

軟体動物 頭足類
アンモナイト類
ニッポニテス
Nipponites
■中生代白亜紀 ❼

産 日本、ロシア　大 長径：5〜10cm

日本古生物学会のシンボルマークにもなっているアンモナイト類。この複雑な巻き方には規則性がある。

軟体動物 頭足類
アンモナイト類
プラビトセラス
Pravitoceras
■中生代白亜紀 ❼

産 日本　大 長径：25cm 前後

ほぼ平面螺旋状に殻が巻き、最外周のみがまるでゾウの鼻のように垂れ下がってＳ字を描く。上の復元図のように、二枚貝に寄生されたとみられる標本も発見されている。

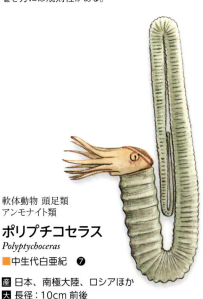

軟体動物 頭足類
アンモナイト類
ポリプチコセラス
Polyptychoceras
■中生代白亜紀 ❼

産 日本、南極大陸、ロシアほか
大 長径：10cm 前後

殻が平面上で180度ターンを繰り返すアンモナイト。

軟体動物 頭足類
アンモナイト類
ユーボストリコセラス
Eubostrychoceras
■中生代白亜紀 ❼

産 日本、アメリカ、イギリスほか
大 高さ：10cm 前後

まるでバネのように殻が巻くアンモナイト。左巻きのものと右巻きのものがある。ニッポニテスの祖先ではないか、という指摘がある。

軟体動物 頭足類 ベレムナイト類
シチュアノベルス・ウタツエンシス
Sichuanobelus utatsuensis
■中生代ジュラ紀 ❻

産 日本　大 全長：数十cm？

ベレムナイト類の中型種で、日本の固有種。ベレムナイト類の進化史を語るうえで重要とされる。化石は直径1cmほどの殻が発見されているのみで、全長値についてはよくわかっていない。

軟体動物 頭足類
鞘形類 ツツイカ類
ハボロテウティス
Haboroteuthis
■中生代白亜紀 ❼

産 日本　大 全長：12m

発見されたカラストンビの化石から、ダイオウイカ級の全長が推測されているイカ。愛称を「ハボロダイオウイカ」という。

軟体動物 頭足類
鞘形類 コウモリダコ類
ナナイモテウティス
Nanaimoteuthis
■中生代白亜紀 ❼

産 日本　大 全長：2.4m

発見されたカラストンビの化石から、タコ類としては史上最大級の全長が推測された。愛称を「ヒキダコウモリダコ」という。

軟体動物 腹足類
ビカリア
Vicarya
■■新生代古第三紀〜新第三紀 ❿

産 日本、インドネシア、パキスタンほか
大 全長：10cm

いわゆる巻貝の一つ。殻の内部に二酸化ケイ素や炭酸カルシウム（めのう）が沈殿して、瑪瑙化、オパール化したものがあり、そうしたものは「月のおさがり」とよばれる。

08 鰓曳動物

鰓曳動物
オットイア
Ottoia
■古生代カンブリア紀 ❶

產 カナダ、アメリカ　大 全長：15cm

吻部にびっしりと細かいトゲを生やした軟体性の動物。海底に身を潜めていたとみられている。

09 有爪動物

有爪動物
アイシェアイア
Aysheaia
■古生代カンブリア紀 ❶

產 カナダ、アメリカ、中国　大 全長：6cm

チューブ状の体をもち、一端に口が開く。海綿動物を食べていた可能性が指摘されている。

有爪動物
ディアニア
Diania
■古生代カンブリア紀 ❶

產 中国　大 全長：6cm

ミミズのような蠕虫状の"胴体"から、"装甲"つきの関節のある付属肢がのびる。"真の節足動物"誕生の1歩前の動物と位置づけられている。「葉足動物」と分類されることもあり、第1巻ではそちらを採用している。

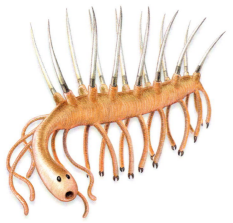

有爪動物
ハルキゲニア・スパルサ
Hallucigenia sparsa
■古生代カンブリア紀　❶

産 カナダ　大 全長：3cm

背中に7対のトゲが並ぶ、チューブ状の動物。ほかの動物の遺骸に群がる腐肉食者だったとの指摘がある。

ハルキゲニアに眼と口！　前後関係が確定した。

「幻惑するもの」の意で名づけられたハルキゲニアは、その名の通り、研究者を惑わせ続けてきたことで知られる。ハルキゲニア・スパルサの復元は、当初は上下が逆転した状態で復元されていた（第1巻第2部第3章参照）。そして、2015年に発表された新たな論文により、ハルキゲニア・スパルサは再び復元像を変えることになったのだ。

この論文では、イギリス、ケンブリッジ大学のマーティン・R・スミスと、カナダ、ロイヤル・オンタリオ博物館のジーン‐バーナード・カロンが、これまでに報告されているハルキゲニア・スパルサの化石標本を精査している。その結果、チューブ状の体の一端に、1対2個の眼があること、口内に放射状に歯が並んでいること、咽喉の奥にも歯が並んでいることを明らかにした。

眼と口が確認できたことで、体の前後関係が明瞭なものとなり、今ひとつ不鮮明だった「ハルキゲニア・スパルサの頭部」のようすが確定した。また、新たに確認できた歯の特徴から、有爪動物への分類が改めて支持されることになった。

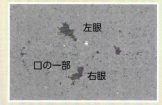

ハルキゲニアの化石標本。四角い枠の部分が頭部。上段はその拡大画像。眼などが確認できる。
(Photo：M.R. Smith & J.-B. Caron)

有爪動物
ハルキゲニア・フォルティス
Hallucigenia fortis
■古生代カンブリア紀 ❶

産 中国　大 全長：3cm

背中に7対の短いトゲが並ぶ、チューブ状の動物。体の一端が膨らんでおり、そこに眼があったとみられている。

有爪動物
ミクロディクティオン
Microdictyon
■古生代カンブリア紀 ❶

産 中国、オーストラリア、カナダほか
大 全長：8cm

各肢のつけ根に、まるで「肩当て」のような硬組織があった。この硬組織だけが化石として見つかる場合もある。

10 節足動物

節足動物
アーヴェカスピス
Aaveqaspis
■古生代カンブリア紀 ❶

産 グリーンランド　大 全長：3cm 未満

尾部に大きなトゲ構造をもつ節足動物。眼をもたない。

節足動物
アラルコメナエウス
Alalcomenaeus
■古生代カンブリア紀 ❶

産 カナダ、中国、アメリカ　大 全長：6cm

大きな付属肢をもつ。カナダや中国、アメリカで化石が報告されており、少なくとも中国で発見された種は瓢箪型の眼をもっていた。

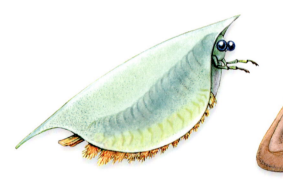

節足動物
イソキシス
Isoxys
■古生代カンブリア紀 ❶

産 カナダ、グリーンランド、中国
大 全長：4cm

2枚の殻をもつ遊泳性の捕食者。その殻から、大きな眼と第1付属肢がのびる。

節足動物
エミューカリス
Emucaris
■古生代カンブリア紀 ❶

産 オーストラリア　大 全長：3cm 未満

カナダや中国で発見されているナラオイアに近縁とされる節足動物。殻の下には、三葉虫類のものとよく似た「ハイポストーマ」とよばれる内臓保護の構造がある。

節足動物
オパビニア
Opabinia
■古生代カンブリア紀 ❶

産 カナダ　大 全長：10cm

五つの目と、長いノズルをもつ動物。アノマロカリス類（▶P.152–156）の祖先系とされることもある。

節足動物
カナダスピス
Canadaspis
■古生代カンブリア紀 ❶

産 カナダ、中国、アメリカ　大 全長：5.2cm

1対の殻（甲皮）と、そこからのびるエビのような胴体をもつ。殻の前方からは、先端に眼のついた軸と触角が突出する。

節足動物
クアマイア
Kuamaia
■古生代カンブリア紀 ❶

産 中国　大 全長：10cm以上

平たい小判状の体をもつ。体の底には、三葉虫類によく見られる「ハイポストーマ」という内臓保護の構造をもつ。

節足動物
クサンダレラ
Xandarella
■古生代カンブリア紀 ❶

産 中国　大 全長：5cm

流線型の体のもち主で、眼の本体は腹側にあるものの、背側に開口部があって、そこから外の景色を見ることができる。

節足動物
ケリグマケラ
Kerygmachela
■古生代カンブリア紀 ❶

産 グリーンランド　大 全長：8cm

アノマロカリス類(▶P.152–156)に近縁で、少々原始的な動物とみられている。1対の大きな触手をもつ。

節足動物
スーマスピス
Soomaspis
■古生代オルドビス紀 ❷

産 南アフリカ　大 全長：3cm

一見すると、三葉虫類(▶P.156-157)に似ていなくもないが、三葉虫類とはちがって炭酸塩でできたかたい外骨格をもっていない。

節足動物
ネッタペゾウラ
Nettapezoura
■古生代カンブリア紀 ❶

産 アメリカ　大 全長：15cm

カナダや中国で発見されているシドネイアという生物に近縁とされる節足動物。

節足動物
ネレオカリス
Nereocaris
■古生代カンブリア紀 ❶

産 カナダ　大 全長：8cm

頭部と胸部を2枚の甲皮で覆っている。甲皮の中には、節足動物特有の形をした付属肢があった。

節足動物
パンブデルリオン
Pambdelurion
■古生代カンブリア紀 ❶

産 グリーンランド　大 全長：29cm

アノマロカリス類(▶P.152–156)に近縁とされる動物。鰭の裏には肢(付属肢)があった。大きな触手をもつほか、アノマロカリス類と似た構造の口をもつ。

節足動物

フォルティフォルケプス
Fortiforceps
■古生代カンブリア紀 ❶

産 中国　大 全長：4cm

頭部以外を見ると、オパビニア(▶P.149)に似ているといえなくもない。その一方で、頭部にはアノマロカリス類(▶P.152-156)と同じ大付属肢をもつ。

節足動物

レアンコイリア
Leanchoilia
■古生代カンブリア紀 ❶

産 カナダ、中国、アメリカ?　大 全長：12cm

ずんぐりとした体（殻）をもち、そこから1対2本の長い触手（付属肢）を殻の外にのばしている。さらに付属肢の先に3本の長い"鞭"がのびる。

※第1巻（第1、2刷）では、眼が6個としていましたが、正しくは4個でした。訂正してお詫びいたします。

節足動物

ワプティア
Waptia
■古生代カンブリア紀 ❶

産 カナダ、アメリカ?
大 全長：8cm

現生のエビに似た姿をもつ。堆積物中の有機物を食べていたとみられている。

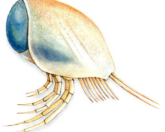

節足動物

コンヴェキシカリス
Convexicaris
■古生代石炭紀 ❹

産 アメリカ　大 全長：2cm

体の前面に大きな複眼を一つだけもつ。付属肢の先端が鋭い。

節足動物

コンカヴィカリス
Concavicaris
■古生代石炭紀 ❹

産 アメリカ　大 全長：1.5cm

体の前面に複眼を一つだけもつ。体の大きさも、複眼が体全体に占める比率も、コンヴェキシカリスと比べてやや小さい。

節足動物 アノマロカリス類

節足動物 アノマロカリス類
アノマロカリス・カナデンシス
Anomalocaris canadensis
■古生代カンブリア紀 ❶

産 カナダ　大 全長：1m

　カンブリア紀の動物界を語るうえで欠かせない種である。「全長数cmが当たり前」というカンブリア紀の海洋世界において、全長1mという圧倒的な巨体を誇る。「大附属肢」とよばれる2本の大きな触手と、複眼の発達した2個の大きな眼がポイントである。分類上は「大附属肢類」、あるいは「ラディオドンタ類」に属するという指摘もある。
　巨大な体と、鋭いトゲの並ぶ触手をもつその姿は、他を圧倒する覇者の風格を感じさせる。ただ、かたい獲物を噛み砕くことはできなかったのではないか、という指摘もある。やわらかい蠕虫（ぜんちゅう）状の動物のみを補食していたのかもしれない、ともされる。

節足動物 アノマロカリス類
アノマロカリス・サロン
Anomalocaris saron
■古生代カンブリア紀 ❶

産 中国　大 全長：50cm

アノマロカリス類の1種。1対2本のひも状の"尻尾"をもち、鰭（ひれ）の裏には肢があったと指摘される。

節足動物 アノマロカリス類
アムプレクトベルア
Amplectobelua
■古生代カンブリア紀 ❶

産 中国、カナダ　大 全長：1m

アノマロカリス類の1種。触手（大付属肢）の先端に、かぎづめのように湾曲したトゲがある。

節足動物 アノマロカリス類
パラペイトイア
Parapeytoia
■古生代カンブリア紀 ❶

産 中国　大 全長：30cm

太いトゲが数本並ぶ触手（大付属肢）をもつ。ひれの裏には歩行用の肢がある。本当にアノマロカリス類であるかどうかという点は議論の最中で、節足動物の進化の視点からも注目されている。

節足動物 アノマロカリス類
フルディア
Hurdia
■古生代カンブリア紀 ❶

産 カナダ、アメリカ、チェコほか
大 全長：50cm

アノマロカリス類の1種。体の半分を、甲皮で保護された頭部が占める。残る半分の胴部では、左右に鰓が発達している。

節足動物 アノマロカリス類
ラッガニア
Laggania
■古生代カンブリア紀 ❶

産 カナダ　大 全長：50cm

アノマロカリス類の1種。全長の値は、部分化石から推測されている。近年はペイトイア（*Peytoia*）とよばれることもある。

濾過食のアノマロカリス類　タミシオカリス

　2014年にグリーンランドのシリウス・パセットから新たなアノマロカリス類が報告された。そのアノマロカリス類の名前を**タミシオカリス**（*Tamisiocaris*）という。

　タミシオカリスは、大付属肢だけが記載されており、全身像は不明である。ただし、その付属肢に独特の特徴があった。長さ10cmほどの大付属肢の内側に、根元で二手に分かれた4〜5cmの細いトゲが並んでいたのだ。しかも、そのトゲの両側にはさらに細かなトゲが並んでいた。

　この論文を発表したイギリス、ブリストル大学のヤコブ・ヴィンターたちは、タミシオカリスはこの細かなトゲを使うことで、0.5mm以下の大きさのプランクトンを捕まえていたと考えている。つまり、タミシオカリスは濾過食者であり、その大付属肢には、ヒゲクジラ類のヒゲと同じ役割があったとみなしたのである。

　大付属肢のサイズが10cmということは、全長もそれなりに大きかった可能性が高い。なにしろこのサイズは、アノマロカリス・カナデンシスの大付属肢に匹敵するほどの大きさなのだ。

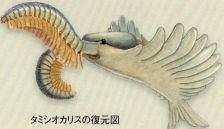

タミシオカリスの復元図

アノマロカリス類の脳構造　ライララパックス

　近年、カンブリア紀の動物たちに対する神経系の研究がいくつか報告されるようになった。2014年には、中国、雲南大学の叢培允たちが、脳構造の残るアノマロカリス類を報告した。名前を**ライララパックス**（*Lyrarapax*）という。ライララパックスは13cmほどの大きさで、アムプレクトベルア（▶P.152）の近縁種に位置づけられた。ただし、その全身像は復元されていない。

　中国の澄江から発見されたその化石には、筋肉、消化管、脳神経系が確認された。とくに脳神経系が確認されたことは大きい。叢たちによると、その構造は現生の節足動物と比べると単純で、有爪動物のそれに近いものであるという。動物史上、はじめて生態系の頂点にたったアノマロカリス類が、脳構造においては原始的だった可能性が出てきたのである。

ライララパックスの化石。色の濃い部分に神経系が残っていた。

(Photo：Peiyun Cong, Xiaoya Ma, Xianguang Hou, Gregory D. Edgecombe & Nicholas J. Strausfeld)

オルドビス紀にいた大型アノマロカリス類　エーギロカシス

　オルドビス紀の世界を知るための新しい"窓"として、モロッコのフェゾウアタ層が注目されている。2015年、アメリカ、イェール大学のピーター・ヴァン・ロイたちによって、そのフェゾウアタ層から新たなアノマロカリス類が報告された。
　名前を**エーギロカシス**（*Aegirocassis*）という。カナダのバージェス頁岩層から化石が見つかっているフルディア（▶P.153）の仲間に分類された。全長は2m。このサイズは、アノマロカリス類としては最大級だ。
　エーギロカシスの大付属肢には、内側に向かって長くて細いトゲが並んでいた。ロイたちは、エーギロカシスがこの"目の細かい"大付属肢を使うことで、プランクトンを捕まえて食べていたのではないか、とみている。「濾過食者」だったのではないか、というわけだ。濾過食のアノマロカリス類としては、2014年に報告されたグリーンランド、シリウス・パセットのタミシオカリスが知られてはいるが、全身像が不明である。その意味で、エーギロカシスの注目度は高いといえる。
　また、エーギロカシスは上下2列の鰭をもっていた点も特徴的である。ロイたちによると、これは"真の節足動物"の肢の原始的なものであるという。三葉虫類をはじめとする水棲の節足動物は、「二肢型付属肢」をもっている。これは、根元は1本ながら、そのすぐ先で上下2本に分かれ、上側の肢には鰓がつき、下側の肢は歩行用になっている。ロイたちによると、エーギロカシスの2列の鰭のうち、上側の列が二肢型付属肢の鰓つきの肢の原型であり、下側の列が歩行用の肢の原型であるという。

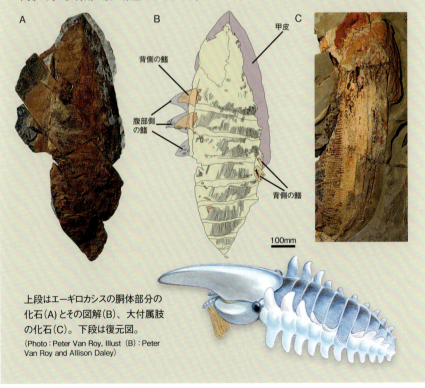

上段はエーギロカシスの胴体部分の化石（A）とその図解（B）、大付属肢の化石（C）。下段は復元図。
（Photo：Peter Van Roy, Illust（B）：Peter Van Roy and Allison Daley）

節足動物 アノマロカリス類
シンダーハンネス
Schinderhannes
■古生代デボン紀 ❸

産 ドイツ 大 全長：10cm

カンブリア紀から続くアノマロカリス類の生き残り。グループの特徴である大きな触手（大付属肢）のほか、飛行機の翼のような形の鰭も特徴。

節足動物 三葉虫類

節足動物 三葉虫類
エルラシア
Elrathia
■古生代カンブリア紀 ❶

産 アメリカ
大 全長：1cm 未満、まれに3cm 以上

カンブリア紀の三葉虫類の典型例の一つ。アメリカ、ユタ州において数十万個体も化石が産出しているため、たくさん流通している。殻は扁平で目立つ装飾をもたず、体節が多い。"アノマロカリスの歯型（捕食痕）の残る標本"がよく見つかる種でもある。ただし、それが本当にアノマロカリスのものなのかどうかは、議論がある。

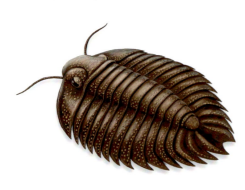

節足動物 三葉虫類
アークティヌルス
Arctinurus
■■古生代オルドビス紀〜シルル紀 ❷

産 アメリカ、カナダ、スウェーデンほか
大 全長：15cm 以上

幅の広い体をもつ三葉虫類。アメリカ、ニューヨーク州から産出する化石がよく知られている。体表の細かな粒状構造は、天敵である頭足類の触手をくっつきにくくする役割があったのではないか、といわれている。

節足動物 三葉虫類
アサフス・コワレウスキー
Asaphus kowalewskii
■古生代オルドビス紀 ❷

産 ロシア
大 全長：11cm

アサフス属にはたくさんの種が属しているが、本種はカタツムリを彷彿とさせる独特の姿をしている。長い軸の先に小さな眼がついている。カタツムリと異なる大きな点は、この眼には伸縮性がなく、またさほど柔軟でもなかったとみられることだ。ネオアサフス属に分類されることもある。

節足動物 三葉虫類
ワリセロプス
Walliserops
■古生代デボン紀 ❸

産 モロッコ 大 全長：10cm 弱

フォーク型のツノをもつ三葉虫。複数種が報告されており、種によってツノの形状が異なる。複眼のレンズが大きいことも特徴の一つ。

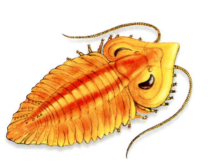

節足動物 三葉虫類
ケイロピゲ
Cheiropyge
■古生代ペルム紀 ❹

産 日本、中国、アメリカ 大 全長：2cm

最後まで生き残っていた三葉虫類の一つ。日本の宮城県でも化石が発見されている。

節足動物 鋏角類

節足動物 鋏角類 ウミグモ類
パレオイソプス
Palaeoisopus
■古生代デボン紀 ❸

産 ドイツ 大 全長：40cm

ウミグモ類は現生種もいるグループである。本種は、現生種とちがい、最前列の肢が平たい。泳ぎが上手な捕食者だったとみられている。

節足動物 鋏角類 カブトガニ類
ルナタスピス
Lunataspis
■古生代オルドビス紀 ❷

産 カナダ　大 全長：5cm

最古のカブトガニ類。後体に節構造があるように見えるかもしれないが、じつはこれは癒合して1枚の板でできている。したがって、ハラフシカブトガニ類ではない。

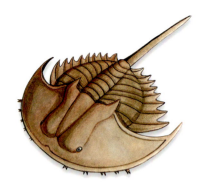

節足動物 鋏角類 カブトガニ類
ユープロープス
Euproops
■古生代石炭紀 ❹

産 アメリカ、イギリス、カナダ　大 全長：6cm

後体の縁に幅の広いトゲのような構造が並ぶ。後体そのものは1枚板でできているが、凸構造が列をつくっている。

節足動物 鋏角類 カブトガニ類
ハラフシカブトガニ類
ヴェヌストゥルス
Venustulus
■古生代シルル紀 ❷

産 アメリカ　大 全長：7.3cm

ハラフシカブトガニ類としては、最も古い存在とされる。全体的に細身。

節足動物 鋏角類 カブトガニ類
ハラフシカブトガニ類
ウェインベルギナ
Weinbergina
■古生代デボン紀 ❷❸

産 ドイツ　大 全長：10cm

後体に節構造のある「ハラフシカブトガニ類」の代表種。

節足動物 鋏角類 クモ類 ウミサソリ類
ココモプテルス
Kokomopterus
■■古生代シルル紀〜デボン紀 ❷

産 イギリス、アメリカ、ロシア
大 全長：15cm

原始的なウミサソリ類に位置づけられる。遊泳用のパドル型付属肢をもっていない。スティロヌルス（*Stylonurus*）という名前でも知られており、第2巻ではそちらの名前で掲載している。

節足動物 鋏角類 クモ類 ウミサソリ類
メガログラプトゥス
Megalograptus
■古生代オルドビス紀 ❷

産 アメリカ　大 全長：50cm

最初期のウミサソリ類の一つ。尾の先にハサミのような構造をもつ。

ウミサソリ類の"最古記録"を900万年更新

　2015年、アメリカ、イェール大学のジェームズ・C・ラムズデルたちによって、新種のウミサソリ類が報告された。名を**ペンテコプテルス・デコラヘンシス**（*Pentecopterus decorahensis*）という。

　ペンテコプテルスの化石は、アメリカ、アイオワ州に分布するオルドビス紀中期の地層から発見された。年代は、それまで最古級のウミサソリ類とみられていたメガログラプトゥスよりも900万年古いという。

　ペンテコプテルスは、メガログラプトゥスに近縁と位置づけられたが、メガログラプトゥスの尾部先端がハサミ状になっていることに対し、ペンテコプテルスの尾部先端は幅広の尾剣状になっているという点が異なる。付属肢に関しては、メガログラプトゥスのような長いトゲは確認できないものの、同様の複雑な形態をもっていた。特筆すべきは全長だ。50cmのメガログラプトゥスに対し、ペンテコプテルスは1.6mに達したというのである。

　すでに複雑な付属肢をもっていたことや、大型化していたことは、ペンテコプテルス以前に"進化途上の祖先"がいたことを物語っている。遠からず"最古記録"が更新される日がくるかもしれない。

ペンテコプテルスの復元図

節足動物 鋏角類 クモ類 ウミサソリ類
ユーリプテルス
Eurypterus
■古生代シルル紀 ❷

産 アメリカ、カナダ、ノルウェーほか
大 全長：数十cm

典型的なウミサソリ類の一つで、パドル状の付属肢と、鋭い尾剣をもつ。種によって大きさが異なる。化石の産出数も多い。

節足動物 鋏角類 クモ類 ウミサソリ類
ユーサルカナ
Eusarcana
■■古生代シルル紀〜デボン紀 ❷

産 アメリカ、カナダ、ドイツほか
大 全長：30cm

おにぎり型の頭部と、左右に幅の広い"腹部"が特徴のウミサソリ類。尾剣は、アラビアの刀剣「シャムシール」のように、わずかに弧を描く。カルキノソーマ（*Carcinosoma*）という名前でも知られており、第2巻ではそちらの名前で掲載している。

節足動物 鋏角類 クモ類 ウミサソリ類
スリモニア
Slimonia
■古生代シルル紀 ❷

産 イギリス、ボリビア
大 全長：90cm

四角い頭部が特徴の進化型のウミサソリ類。ハサミの付属肢をもたず、尾の先の形は次ページのプテリゴトゥスに似る。

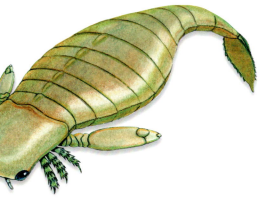

節足動物 鋏角類 クモ類 ウミサソリ類
フグミレリア
Hughmilleria
■■古生代シルル紀〜デボン紀 ❷

産 イギリス、アメリカ、ロシア
大 全長：20cm

プテリゴトゥスの仲間に位置づけられるものの、そのなかではいささか原始的。尾の先端は、"垂直尾翼"になっていない。

節足動物 鋏角類 クモ類 ウミサソリ類
プテリゴトゥス
Pterygotus
■■古生代シルル紀〜デボン紀 ❷❸

産 アメリカ、ボリビア、エストニアほか
大 全長：162ページコラム参照

　ウミサソリ類は、魚の仲間が本格的に台頭する前に大きく繁栄した節足動物である。なかでも「進化型」とよばれるウミサソリ類は、尾部の先が剣状になっていないという特徴がある。
　プテリゴトゥスは、まさにその「進化型」の代表格ともいうべき属だ。尾剣のかわりに、縁がギザギザになった団扇のような構造を尾部の先端にもつ。その団扇の中軸部には、垂直方向に"板"が立っており、まるで航空機の垂直尾翼のような構造になっている。体表には、ゴルフボールの表面と似たような凹凸があり、遊泳の際に水の抵抗を減らすことができるようになっていた。
　化石産地は上に挙げた国ばかりではなく、カナダやチェコ、ロシア、イギリス、オーストラリア、リビア、モロッコ、ポーランドなど世界各地にわたる。優れた遊泳性をもつ種ならではの、広い分布域である。

大型ウミサソリは、"強く"なかった!?

プテリゴトゥスに近縁なウミサソリ類として、**アクチラムス**（*Acutiramus*）がいる。これは最近になって報告された新属というわけではなく、かつてはプテリゴトゥスの亜属という位置づけが主流で、つまり、プテリゴトゥス属内の1グループだった。しかし近年では、アクチラムスをアクチラムス属として、独立して扱うことが多くなっている。

アクチラムスの姿かたちは、眼の配置やサイズなどは異なるが、プテリゴトゥスとよく似ている。もともとアクチラムス属は、プテリゴトゥス属の大型種が属していたグループだった。アクチラムス属をプテリゴトゥス属とは別属と考えた場合、アクチラムス属の全長は2mほどとなり、プテリゴトゥス属の全長は60cmほどとなる（アクチラムス属がプテリゴトゥス属の「亜属」だった場合は、プテリゴトゥス属を「2m」と表記していた）。

かくして、大型ウミサソリ類の代表的な存在となったアクチラムスだが、その生態はさほど恐ろしいものではなかったという見方がある。2014年に刊行された『Experimental Approaches to Understanding Fossil Organism』の中で、アメリカ、ミシガン州立大学のダニタ・S・ブランヅとイェール大学のヴィクトリア・E・マッコイがまとめたところによると、アクチラムスの大きなハサミは、獲物をとらえるためには十分な力を発揮できなかったという。

また、同年のイェール大学のロス・P・アンダーソンたちによる報告では、その大きな眼の性能は、逃げ惑う獲物を追いかけるのに十分ではなかったことが指摘された。アクチラムスの眼は、薄明、あるいは夜間に向いたものであるという。なお、アンダーソンたちの報告では、アクチラムスだけではなく、その近縁種も同様であったとされる。

アクチラムスが獲物としていたのは、浅瀬に棲む、殻が薄かったり、体がやわらかい動物に限定されていた可能性があると指摘されている。そして、この指摘をもってして「アクチラムスは強者ではなかった」という見方がある。

アクチラムスの化石　アクチラムスの復元図

左の写真は上段の標本とは別個体の複眼。右は、左の四角い枠の部分の拡大。
(Photo: Anderson, McCoy, McNamara and Briggs, 2014, Biol. Lett. and Yale Peabody Museum)

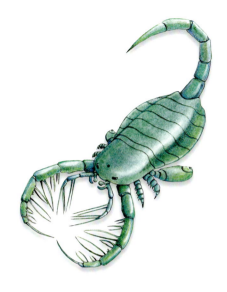

節足動物 鋏角類 クモ類 ウミサソリ類
ミクソプテルス
Mixopterus
■古生代シルル紀　❷

産 ノルウェー、中国、アメリカほか
大 全長：1m

多様な肢をもつウミサソリ類。遊泳と歩行の両方をこなしていたとされる。尾剣は鋭く尖っており、相手を突き刺す武器になっていたとみられている。

節足動物 鋏角類 クモ類 ウミサソリ類
アデロフサルムス
Adelophthalmus
■■■古生代デボン紀～ペルム紀　❸❹

産 チェコ、ドイツ、アメリカ　大 全長：20cm

パドル状の付属肢をもつウミサソリ類。シルル紀に繁栄したユーリプテルス(▶P.160)が、デボン紀になって衰えてきたことに対応するようにして多様化を進めた。昆虫や小魚などを食べていたことが指摘されている。

節足動物 鋏角類 クモ類 ダニ類

プロタカルス
Protacarus
■古生代デボン紀 ❸

産 イギリス　大 全長：0.45mm

ダニ類のなかで最古の種。現生のダニ類と最大サイズを比べると約半分ほどの大きさ。寄生できるような大型陸上動物がいない時代であったため、植物の液を吸い出していた可能性が指摘されている。

節足動物 鋏角類 クモ類 ムカシザトウムシ類

ファランギオターブス
Phalangiotarbus
■古生代石炭紀 ❹

産 アメリカ、イギリス　大 全長：2cm 弱

全体が木の葉のような形をしており、前体がハート形。眼はその前方中央部に2列になって並ぶ。

節足動物 鋏角類 クモ類 サソリ類

ブロントスコルピオ
Brontoscorpio
■古生代シルル紀 or ■デボン紀 ❷

産 イギリス　大 全長：94cm

史上最大のサソリ類。水棲種だが、短時間であれば陸上での活動も可能だったとみられている。生息していた時代については、資料によってシルル紀ともデボン紀ともされる。サソリ類のなかでは「エラサソリ類」というグループに属する。

節足動物 鋏角類 クモ類 サソリ類

ドリコフォヌス
Dolichophonus
■古生代シルル紀 ❷

産 イギリス　大 全長：8cm

最古のサソリ類。ほかの多くのサソリ類とは異なり、水棲種で、しかも複眼をもっていた。尾節は未発見のため、毒針をもっていたかどうかは不明。

最古級のサソリに、上陸の"兆し"!?

　サソリ類はかつて海にいた。2015年にカナダのロイヤルオンタリオ博物館のジャネット・ワディントンたちによって報告された新種**エラモスコーピウス・ブルセンシス**（*Eramoscorpius brucensis*）の化石も、海でできた地層から見つかっている。

　エラモスコーピウス・ブルセンシスの化石は、カナダのオンタリオ州ブルース半島に分布する約4億3300万年前ごろの地層から発見された。この年代値は、シルル紀の中期を意味する。サソリ類のものとしては最古級であり、そして、とても良い状態で保存されていた。

　保存の良い化石は、重要な情報をもっていることが多い。エラモスコーピウスの場合、肢の特徴がのちに出現する陸上種のそれと同じだった。すなわち、浮力のない陸上でも自身の体重を支えることができたとみられている。ワディントンたちは、エラモスコーピウスは水棲種であったものの、極めて浅い場所へ"冒険"することもあったのではないか、としている。

エラモスコーピウスの化石標本。左が最大の個体で、右が最小の個体。
(Photo : ROM / D. Rudkin / J. Waddington)

節足動物 鋏角類 クモ類 ワレイタムシ類
パレオカリヌス
Palaeocharinus
■古生代デボン紀 ❸

産 イギリス 大 全長：数mm

クモ類に近縁ではあるが、糸をつくることはできない。後体に節構造があるのも特徴の一つ。

節足動物 鋏角類 クモ類 サソリモドキ類
ゲラリヌラ
Geralinura
■古生代石炭紀 ❹

産 アメリカ、中国、イギリス 大 全長：2cm

サソリによく似ているが、尾部には毒針ではなく鞭状の細い尾をもつ。

節足動物 マレロモルフ類

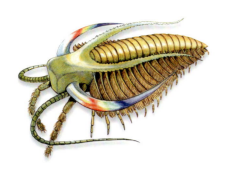

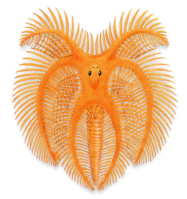

節足動物 マレロモルフ類
マレッラ
Marrella
■古生代カンブリア紀 ❶

産 カナダ　大 全長：2.5cm

活発に泳ぎ回り、海底に堆積した有機物を食べていたとみられている。頭部の"ツノ"は、構造色を放っていた。

節足動物 マレロモルフ類
フルカ
Furca
■古生代オルドビス紀 ❷

産 モロッコ、チェコ　大 全長：4cm

全身に細かなトゲがある。複眼を1対、単眼を1対もっていた。

節足動物 マレロモルフ類
ヴァコニシア
Vachonisia
■古生代デボン紀 ❸

産 ドイツ　大 全長：数cm

カンブリア紀から続くマレロモルフ類の生き残り。背中に殻を背負っている。

節足動物 マレロモルフ類
ミメタスター
Mimetaster
■古生代デボン紀 ❸

産 ドイツ　大 全長：数cm

カンブリア紀から続くマレロモルフ類の生き残り。背中から6方向にトゲ付きの突起をのばしている。

節足動物 甲殻類

節足動物 甲殻類
カンブロパキコーペ
Cambropachycope
■古生代カンブリア紀 ❶

産 スウェーデン　大 全長：1.5mm

大きな頭部の先端が、たった一つの複眼で構成されている。正確には、「甲殻類に近縁のグループ」に分類される。

節足動物 甲殻類
ゴティカリス
Goticaris
■古生代カンブリア紀 ❶

産 スウェーデン　大 全長：2.7mm

大きな頭部の先端が、たった一つの複眼で構成されている。その複眼のつけ根には、左右一対の「正中眼」がある。正確には、「甲殻類に近縁のグループ」に分類される。

節足動物 甲殻類
レピドカリス
Lepidocaris
■古生代デボン紀 ❸

産 イギリス　大 全長：4mm

現生のホウネンエビに近い甲殻類。

節足動物 多足類

節足動物 多足類
アースロプレウラ
Arthropleura
■古生代石炭紀 ❹

産 カナダ、アメリカ、イギリスほか
大 全長：2.3m

史上最大級の陸上節足動物。30個の体節をもつ植物食者。足跡の化石も各地で発見されている。

節足動物 多足類
ラツェリア
Latzelia
■古生代石炭紀 ❹

産 アメリカ　大 全長：6cm

最も古いムカデ類の一つに挙げられる。

節足動物 ユーシカルノイド類

節足動物 ユーシカルシノイド類
アパンクラ
Apankura
■古生代カンブリア紀 ❶

産 アルゼンチン　大 全長：4cm

知られている限り、最も古い陸上生活の痕跡をもつ節足動物。水陸両棲だった可能性が指摘されている。

節足動物 昆虫類

節足動物 昆虫類
ゲラルス
Gerarus
■古生代石炭紀 ❹

産 アメリカ、フランス、ドイツほか
大 全長：7.5cm

絶滅昆虫類の一つ。前胸部が膨らみ、そこに多数のトゲを発達させている。

節足動物 昆虫類
ステノディクティア
Stenodictya
■古生代石炭紀 ❹

産 フランス、ポルトガル　大 全長：17cm

絶滅昆虫類の一つ。現生の昆虫類よりも多い、3対6枚の翅をもっている。「ムカシアミバネムシ」とも。

節足動物 昆虫類
メガネウラ
Meganeura
■古生代石炭紀 ❹

産 フランス　大 翅開長：70cm

絶滅昆虫類の一つ、「原トンボ類」に属する史上最大の昆虫。現生のトンボ類のような素早い動きは不可能だったという指摘もある。

節足動物 昆虫類
キイア
Qiyia
■中生代ジュラ紀 ❻

産 中国　大 全長：24mm

水棲の吸血性昆虫。カストロカウダやヴォラティコテリウム（ともに▶ P.101）と同じ地層から化石が発見されている。主食は、サンショウウオの血液だったとみられている。ハエ類に属するとみられている。

琥珀に保存されていた「翅なしハチ」

　近年、ミャンマーのカチン州にある白亜紀の琥珀産地が大きな注目を集めている。この産地からは、約9880万年前（白亜紀のなかば）の琥珀が産出し、その中に"新発見"が内包されていることが多いのだ。

　2016年に、ロシア科学アカデミーのA・P・ラスニーチンたちが報告した「虫入り琥珀」もその一つだ。その琥珀には、全長3cm強の"ハチ"がまるごと入っていた。そして、このハチは既知のハチとはようすがだいぶ異なっていた。

　通常、ハチといえば、前翅と後翅の2対4枚の翅をもち、腹部が大きくくびれている。しかし、その琥珀の中に入っていたハチは翅をもたず、そして腹部のくびれもなかった。ラスニーチンたちは、このハチに「奇妙な翅なし」という意味のギリシア語と化石産地にちなみ「**アプテノペリスス・ブルマニクス**（*Aptenoperissus burmanicus*）」という名前をつけた。また、既知のハチ類のどのグループ（科）にも分類することができないため、ラスニーチンたちは「Aptenoperissidae」という科を本種のために創設した。

　それにしても、アプテノペリスス・ブルマニクスは奇妙なハチだ。翅がないのみならず、バッタのように力強い後脚をもち、触角はまるでアリのそれだ。くびれのない腹部に至っては、ゴキブリのようだった。まるで昆虫のキメラだ。ラスニーチンたちがAptenoperissidaeをハチ類に位置づけた理由は、頭部の特徴によるところが大きい。つまり、"顔つき"がハチだったことが決め手となったのである。

　研究チームの一人であるジョージ・ポイナー・Jrが所属するオレゴン大学のプレスリリースによると、アプテノペリスス・ブルマニクスの長い脚は、地中や樹木の幹を掘るのに適していたとされている。地中や幹を掘り進み、ほかの昆虫の蛹を見つけだして、卵を産みつけていたのではないか、とのことだ。そして、この生態ゆえに、翅は邪魔だったのではないか、と指摘している。また、この力強い脚には優れたジャンプ能力があった可能性にも言及している。

琥珀の中のアプテノペリスス・ブルマニクス。標本長5.5mm。
(photo：George Poinar)

11　古虫動物

古虫動物

ヴェトゥリコラ
Vetulicola

■古生代カンブリア紀　❶

産 中国　大 全長：10cm

水平方向に切れ込みの入った殻状の頭部と、エビのような腹部で構成される。腹部の先端はうちわのようになっており、水平方向に平たい。なお、「古虫動物」は少数の絶滅動物からなるグループで、ほかのグループとの分類的な位置関係は定まっていない。

12 リニア状植物

リニア状植物
クークソニア
Cooksonia
■■古生代シルル紀〜デボン紀 ❷

産 イギリス、アメリカ、ボリビアほか
大 高さ：数cm

最初期の陸上植物。胞子嚢だけをもつシンプルな構造である。

13 リニア植物

リニア植物
リニア
Rhynia
■古生代デボン紀 ❸

産 イギリス
大 高さ：20cm

最初期の陸上植物。茎の直径は3mmほど。維管束をもつ一方で、葉はもっていない。

14 ヒカゲノカズラ

ヒカゲノカズラ
ヒカゲノカズラ類
アステロキシロン
Asteroxylon
■古生代デボン紀 ❸

産 イギリス 大 高さ：40cm

最初期の陸上植物。茎の直径は1.2cmほど。維管束をもつ。「葉」に相当する鱗状の突起をもっていた。

ヒカゲノカズラ
リンボク類
シギラリア
Sigillaria
■■古生代石炭紀〜ペルム紀 ❹

産 世界各地
大 高さ：30m

石炭紀の大森林をつくっていた主要植物の一つ。幹に残る模様が、かつて文書などをとじる際に使われていた封印に似ることから、「封印木」ともよばれる。

15 シダ植物

ヒカゲノカズラ
リンボク類
レピドデンドロン
Lepidodendron
■古生代石炭紀 ❹

産 世界各地
大 高さ：40m

石炭紀の大森林をつくっていた主要植物の一つ。幹に残る模様が魚の鱗に見えることから、「鱗木（りんぼく）」ともよばれる。

シダ植物 トクサ類
カラミテス
Calamites
■■古生代石炭紀〜ペルム紀 ❹

産 世界各地
大 高さ：20m

石炭紀の大森林をつくっていた主要植物の一つ。大きさはまったく異なるが、現生のアシ（蘆）に似ていることから、「蘆木（ろぼく）」ともよばれる。

16 前裸子植物

前裸子植物
アルカエオプテリス
Archaeopteris
■■古生代デボン紀〜石炭紀 ❸

産 カナダ、アメリカ、ロシアほか
大 高さ：12m

初期の木質植物の一つ。すなわち、"初期の樹木"である。当時、世界中に繁茂していた。

前裸子植物
エオスパーマトプテリス
Eospermatopteris
■古生代デボン紀 ❸

産 アメリカ
大 高さ：12m

初期の木質植物の一つ。アルカエオプテリスと同じ前裸子植物に分類されるが、こちらは化石産地が限定されている。

産 化石産地　大 大きさ

| 17 | シダ種子植物 |

| 18 | 裸子植物 |

シダ種子植物
ニューロプテリス
Neuropteris
■古生代石炭紀 ❹

産 世界各地　大 葉の長さ：数cm

現在の裸子植物の祖先に位置づけられる植物。

裸子植物
グロッソプテリス
Glossopteris
■古生代ペルム紀 ❹❺

産 世界各地
大 高さ：12m

靴べら状の葉をもつ裸子植物。当時、南半球の超大陸上でおおいに繁栄した。なお、「グロッソプテリス」は、あくまでも葉の化石につけられた名称。また、分類については「シダ種子植物ではないか」という指摘もある。

| 19 | 被子植物 |

被子植物
アルカエフルクトゥス
Archaefructus
■中生代白亜紀 ❼

産 中国　大 高さ：50cm

全体の姿がわかる被子植物としては最古級。水生植物で、花びらと萼(がく)を欠く。

史上初の"パーフェクトフラワー"

　この地球に「花」はいつから咲いていたのか？　それは、大いなる謎だった。たとえば、中国の遼寧省に分布する白亜紀前期の地層から見つかった前ページのアルカエフルクトゥスは、植物の全体像がわかるものとしては最古級の被子植物化石として知られている。しかし、アルカエフルクトゥスは花びらを欠いていた（詳細は第7巻を参照）。

　2016年、中国の国立蘭保存センター・深圳市蘭保存研究センターの劉仲健と渤海大学の王鑫は、中国遼寧省に分布するジュラ紀中期末（約1億6400万年前）ごろの地層から花の化石を報告した。その化石は、「本物の花」を意味するラテン語と、標本の発見者にちなんで、「エウアンサス・パニイ（*Euanthus panii*）」と名づけられた。

　エウアンサス・パニイは、標本長1cmに満たない小さなものだ。しかし、萼をもち、花びら（花弁）が確認された。もちろん、胚珠も露出していない。その姿はまさしく被子植物そのものだった。論文のタイトルにも『A perfect flower from the Jurassic of China（中国のジュラ紀から報告された完全な花）』という随分と直接的な単語が使われている。

　劉と王は、この発見によって、被子植物の「花」はジュラ紀には既に咲いていたと示唆している。今後、ジュラ紀の景色の復元画を描く際には、ちょっと注意が必要となるかもしれない。

萼片と花弁がはっきりと確認できる標本。
右は復元図。
（Photo & illust：王 鑫）

20 | ランゲオモルフ

ランゲオモルフ
カルニア
Charnia
■先カンブリア時代エディアカラ紀　❶

産 カナダ、ロシア、イギリス
大 全長：数十cm

軸のない葉のようなパーツからなる。"葉"には、小さな長方形の構造が並ぶ。「ランゲオモルフ」という分類不明のグループをつくる。

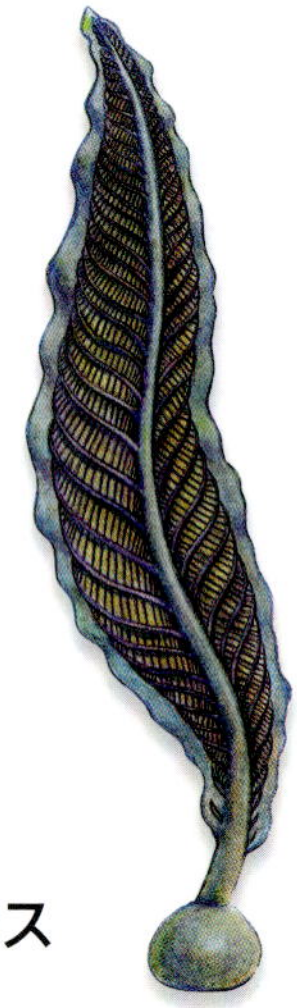

ランゲオモルフ
カルニオディスクス
Charniodiscus
■先カンブリア時代エディアカラ紀　❶

産 オーストラリア、ロシア、カナダほか
大 全長：40cm

まるで葉のようなパーツと、ディスク状のパーツで構成される。ランゲオモルフとよばれる分類不明のグループに属する。ランゲオモルフは当時、世界各地で繁栄していた。

ランゲオモルフ
ブラッドガティア
Bradgatia
■先カンブリア時代エディアカラ紀　❶

産 カナダ　大 全長：数十cm

分類不明のグループ「ランゲオモルフ」のなかでは、珍しく横方向の広がりがある生物。カルニアとは何らかの系統関係があるのではないか、とされている。

| 21 | 分類不明 |

分類不明
エスクマシア
Escumasia
■古生代石炭紀 ❹

産 アメリカ　大 高さ：10cm

その姿から「The Y」ともよばれている。側面に肛門とみられる構造があり、腕の付け根の間には口があったのではないか、と指摘されている。

分類不明
エタシスティス
Etacystis
■古生代石炭紀 ❹

産 アメリカ　大 幅：7cm

その姿から「The H」ともよばれている。ハート形の囊の付け根近くに口らしきものがあるという指摘もある。

分類不明
コロナコリナ
Coronacollina
■先カンブリア時代エディアカラ紀 ❶

産 ロシア　大 全長：80cm

プリンのような軟体性の本体から、硬組織の針をのばす。その針で、まるでテントのように体を海底に固定していたと考えられている。

分類不明
シファッソークタム
Siphusauctum
■古生代カンブリア紀 ❶

産 カナダ　大 全長：20cm

まるでチューリップのような姿の動物。"萼"の上面中央に肛門があり、底面では"茎"を囲むように口とみられる孔が6つ並んでいた。

分類不明
ディッキンソニア
Dickinsonia
■ 先カンブリア時代エディアカラ紀 ❶

産 オーストラリア、ロシア　大 全長：80cm

　エディアカラ紀の生物は、カンブリア紀以降の生物との類縁関係が定かでないものが多い。眼や肢、鰭（ひれ）など、化石に残るほどかたい組織をもつ種はほとんどおらず、どちらが頭で、どちらが尻なのかもわからないものばかりだ。
　本種は、そうした生物たちの代表だ。体の中心に線構造があり、その左右に節構造が並ぶ。節の内部は中空になっており、エアマットのようなつくりをしていたらしい。節構造は、奇妙なことに左右で半個分ずれた配置になっている。この特徴は、「左右対称構造」が圧倒的多数派のカンブリア紀以降の生物たちには見られない。

分類不明
トリブラキディウム
Tribrachidium
■ 先カンブリア時代エディアカラ紀 ❶

産 オーストラリア、ロシア　大 直径：5cm

120度ごとに同じ構造を繰り返す「3回対称」のもち主。3回対称は、カンブリア紀以降の生物には見られない構造である。

分類不明
ハーペトガスター
Herpetogaster
■ 古生代カンブリア紀 ❶

産 カナダ　大 全長：4.8cm

つぶれたツチノコのような形をした"本体"は、大部分が胃とみられている。その一方の端からは樹木の枝のような触手がのび、もう一端には肛門とみられる穴がある。

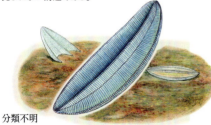

分類不明
プテリディニウム
Pteridinium
■ 先カンブリア時代エディアカラ紀 ❶

産 ナミビア、アメリカ、オーストラリアなど
大 全長：30cm

中央の仕切りを境に、節構造が半個分ずれる。化石は、密集して発見されることが多い。

分類不明
ユンナノズーン
Yunnanozoon
■ 古生代カンブリア紀 ❶

産 中国　大 全長：4cm

蠕虫（ぜんちゅう）の体に背鰭（せびれ）があるような姿をした、謎の動物。脊索（せきさく）動物ではないか、ともいわれるが結論は出ていない。

史上最大の絶滅事件は、"思ったほどの大規模"ではない!?

　古生代ペルム紀末に発生した大量絶滅事件は、直近約5億4100万年間を二分する「史上最大の大量絶滅事件」として知られている。このときの絶滅率は、研究者によって計算値が多少異なるものの、海棲動物種の90%以上、最大で96%に達したとおおむね見積もられてきた。すなわち、海で暮らす動物種の"ほとんどが絶滅した"大事件だったというわけである。

　しかし、この数字に変更を促す研究結果が、2016年に発表されている。アメリカ、ハワイ大学のスティーヴン・M・スタンレーが化石記録の不完全性、絶滅に要した時間などを考慮して新たな数学モデルで海生動物種の絶滅率を計算したところ、最大でも80%ほどという数字となった。種の絶滅率における80%という値はたしかに大きいものの、従来の値ほどのインパクトはない。スタンレーは、「"ほとんどが絶滅した"ということはなかった」と指摘している。

K/Pg境界絶滅事件に「すす」が関係か

　今から約6600万年前に発生した白亜紀末の大量絶滅事件。その"トリガー"は、小惑星衝突だったという見方が最有力である（第10巻参照）。そして研究者たちは今、「どのようにして」動物たちが滅んでいったのか、そのシナリオを解き明かそうと、さまざまな角度からアプローチを続けている。

　2016年に東北大学大学院の海保邦夫たちが発表した研究によると、大量絶滅の原因は小惑星衝突によって発生した"すす"が大きな影響を与えていたという。

　これまでも指摘されていたことだが、この小惑星衝突は"落下地点"が悪かった。有機物が濃集していた場所だったのである。海保たちによると、この有機物によって多量のすすが形成され、大気中にまき散らされたという。

　大気中に浮遊するすすは、太陽光を遮り、その結果、地球の気温が低下して、植物が育たなくなり、絶滅の連鎖が始まっていく……。これがよく知られる「衝突の冬」のシナリオだ。しかし、海保たちの研究では少し異なる。コンピューターシミュレーションの結果、当時、地球の気温低下は発生していたものの、それは従来考えられていたほど厳しくはなかったというのである。より正確にいえば、中高緯度では恐竜類などを絶滅させるのに十分な寒冷化が発生したものの、低緯度の気候はそこまで寒くはならず、恐竜類はまだ生きていくことができたというのである。……「気温」だけに注目するならば。

　しかし、寒冷化は乾燥化も引き起こす。その結果、低緯度地域の降水量は、砂漠並みにまで減少したと海保たちは指摘している。その結果、やはり植物が枯れて、絶滅の連鎖が始まったというわけだ。

　これまでは全地球で一様に考えられていた大量絶滅事件が、緯度によって異なる物語を経ていた可能性が示されたのである。今後も「どのようにして」の解明はさらに進んでいくだろう。

K/Pg境界絶滅事件からの回復は、南半球の方が早かった!?

中生代白亜紀末の大量絶滅事件は、「どのようにして"復活した"のか」というシナリオの解明も進んでいる。

2016年、アメリカ、ペンシルバニア州立大学のミカエル・P・ドノバンたちは、白亜紀の中ごろに出現していた北アメリカの海「ウエスタン・インテリア・シー」の周辺地域と、南アメリカ大陸のパタゴニア地方におけるK/Pg境界前後の植物化石に注目した。対象となったのは、「虫喰いのある葉」である。

K/Pg境界絶滅事件は、葉を食べる虫たちにも影響したらしい。そのため、K/Pg境界付近の地層からは「虫喰いのある葉」の化石が著しく減少した。すなわち、当時は、葉を食べる虫たちが減っていた可能性がある。虫喰いのある葉は、K/Pg境界絶滅事件から時間を経るごとに"回復"していくものの、K/Pg境界絶滅事件前のレベルに戻るまでにはそれなりの時間を必要とした。その「時間」が、ウエスタン・インテリア・シーの周辺地域とパタゴニア地方で大きく異なったのだ。ドノバンたちの研究によると、ウエスタン・インテリア・シーにおいては"回復"に要した時間が約900万年だったことに対し、パタゴニア地方ではその半分以下の約400万年ほどだったのである。

その差は500万年。現在の視点で考えれば、マンモス（*Mammuthus*）などの巨大哺乳類の大規模絶滅があったのは約1万年前。現生人類である私たちホモ・サピエンス（*Homo sapience*）と同じホモ属の絶滅人類が登場したのは約230万年前。人類が地上で直立二足歩行を始めた時期が、ざっくりな数字で約500万年前である。「500万」という数字がどれだけのものか、伝わるだろうか？つまり、ドノバンたちの研究は、大量絶滅事件の影響は地域差がかなり大きかったということを示している。

こうした絶滅・回復過程のひもときは、まさに今後の研究のトレンドとなっていくかもしれない。

白亜紀の中ごろの北アメリカは、ウェスタン・インテリア・シーによって分断されていた。

第2部　シリーズ総索引

索引一覧 図版掲載ページは太数字

種名	学名	本書掲載ページ	シリーズ収録巻／掲載ページ
アーヴェカスピス	Aavegaspis	148	❶ 96
アーキセブス	Archicebus	116	❿ **151**, **152**, 153
アーキテウティス（ダイオウイカ）	Architeuthis	144	❼ 103, **104**, 105
アークティヌルス	Arctinurus	156	❷ 109, **112**, 113, 114
アーケロン	Archelon	55	❽ **50**, 51
アースロプレウラ	Arthropleura	169	❹ 49, **62**, **63**, 64
アイシェアイア	Aysheaia	145	❹ **70**, **137**, **138**, 157
アイノセラス	Ainoceras		❼ **86**, 87
アウストラロピテクス	Australopithecus	116	❿ 156, **157**, 158
アエトサウルス	Aetosaurus	56	❺ 89, **90**, **91**, 92, 93
アエトサウロイデス	Aetosauroides	56	❺ **94**, 95, 101
アオザメ	Isurus oxyrinchus		❽ 44
アオダイショウ	Elaphe climacophora		❼ 159
アカウミガメ	Caretta caretta		❽ 50, 51
アカカンガルー	Macropus rufus		❿ 67, 70, 145, 146
アカギツネ	Elephas maximus		❾ 29
アカンソピゲ	Acanthopyge		❸ 98
アカンタルゲス	Akantharges		❸ 100
アカントステガ	Acanthostega	34	❸ 120, **121**, **122**, 123, 124, 126, 127, 128
			❹ 27, 30
アカントデス	Acanthodes	27	❹ 52, 129, **130**, 131
アクセルロディクチス	Axelrodichthys		❽ 25, 26
アクチラムス	Acutiramus	162	
アクモニスティオン	Akmonistion	24	❹ 18, **19**, 20, 22
アクロピゲ	Acropyge		❹ 137
アクロフォカ	Acrophoca	123	❿ **63**, 64
アゴニアタイテス	Agoniatites		❸ 85
アサフス	Asaphus	157	❷ **29**, 55
アジアゾウ	Elephas maximus		❻ 118
			❾ 53, 59
アショロア	Ashoroa	113	❿ **52**, 55, 58, 59, 60
アステロキシロン	Asteroxylon	172	❸ **31**, 138
アストラポテリウム	Astrapotherium	133	❿ **43**, 44
アデリーペンギン	Pygoscelis adeliae		❾ 86
			❿ 16
アデロフサルムス	Adelophthalmus	163	❸ **79**, 80
			❹ 44
アトポデンタトゥス	Atopodentatus	91	❺ **40**, **41**, 50
アトラクトステウス	Atractosteus		❾ **114**, 115
アナゴードリセラス	Anagaudryceras	142	❼ **80**, 81
アナンクス	Anancus	109	❾ **67**, 68
アヌログナトゥス	Anurognathus	62	❻ 149, 151
アネトセラス	Anetoceras		❸ **84**, 86
アノマロカリス	Anomalocaris	156	❶ 55, **56**, 57, **58**, **59**, **60**, 78, **79**, 80, 81, 82, 99, 105, **106**, **130**, 131, 132, 133, 134, **135**, 136, 137, 148
アノマロカリス・カナデンシス	A. canadensis	152, 154	❶ **55**, **56**, **58**, **59**, **60**, 80, 81
			❸ 10
アノマロカリス・サロン	A. saron	152	❶ **78**, **79**, 80
アノマロカリス・ナトルスティ	A. nathorsti		❶ 60, 106
アノマロカリス・ブリッグシ	A. briggsi		❶ 99
オルドビス紀のアノマロカリス類			❷ 8, 9, 10, 11, 12
アパテオフォリス	Apateopholis		❼ **69**, 71
アパトサウルス	Apatosaurus	84	❺ 120
			❻ **90**, 91
アパンクラ	Apankura	169	❶ **182**, 183
アファネピグス	Aphanepygus		❼ **69**, 70
アファノベロドン	Aphanobelodon	110	
アプテノペリッス	Aptenoperissus	171	
アブラコウモリ	Pipistrellus abramus		❾ 103
アフラダピス	Afradapis		❾ 127

日本名	学名		巻	ページ
アフリカゾウ	Loxodonta africana		❽	82, 131
			❾	53, 145
アホウドリ	Phoebastria albatrus		❿	15
アポグラフィオクリヌス	Apographiocrinus	10	❹	16
アマゾンツノガエル	Ceratophrys cornuta		❼	162
アマルガサウルス	Amargasaurus	86	❽	143, 144
アミア・カルヴァ	Amia calva		❾	115
アミメニシキヘビ	Python reticulatus		❾	80, 117
アムプレクトベルア	Amplectobelua	152, 154	❶	78, **80**, 82, **130**, 131, 132
アメリカアリゲーター	Alligator mississippiensis	61	❽	106
アメリカバイソン	Bison bison		❺	88
			❿	143
アメリカマストドン	Mammut americanum	109	❿	**100**, 101
アメリカモモンガ	Glaucomys volans	101	❻	76, 77
アメリカライオン	Panthera atrox	120	❿	**91**, 92, 128
アラルコメナエウス	Alalcomenaeus	148	❶	**177**, 178
アランダスピス	Arandaspis	17	❷	72, **73**, 74, 126
			❸	38
アランボウギアニア	Arambourgiania		❼	140, **141**
アリゲーター	Alligator		❽	117, 118
アリゾナサウルス	Arizonasaurus	57	❺	84, **85**, 86, 87, **88**, 95
アルカエア	Archaea		❾	**130**, 131
アルカエオテリウム	Archaeotherium	128	❾	107, **108**, 111
アルカエオニクテリス	Archaeonycteris		❾	117, 118, **119**
アルカエオプテリクス	Archaeopteryx	81	❻	124, 125, **126**, 127, 128, 129, **130**, 131, 132, **133**, 134, **135**, 136, **137**, 138, **139**, 140, **141**, 142
アルカエオプテリクス・ババリカ	A. bavarica		❻	137
アルカエオプテリクス・リソグラフィカ	A. lithographica		❻	136, 137
アイヒシュテット標本			❻	127, 134, **136**, 140
サーモポリス標本			❻	136, **139**, 140
ゾルンホーフェン標本			❻	134, **137**, 140
第9標本			❻	134, **139**
第11標本			❻	136, 140, **141**
ダイティンク標本			❻	134, **138**
ハーレム標本			❻	134, **135**
ベルリン標本			❻	132, **133**, 140
マックスベルク標本			❻	132, **135**
ミュンヘン標本			❻	134, **138**, 140
ロンドン標本			❻	125, **126**, 132
アルカエオプテリス	Archaeopteris	173	❸	138
アルカエフルクトゥス	Archaefructus	174, 175	❼	33, **34**, 35
アルクトドゥス	Arctodus	122	❾	**39**, 40, 41, **56**
アルシノイテリウム	Arsinoitherium	114	❾	149, **150**, 151
			❿	43
アルゼンチノサウルス	Argentinosaurus		❽	**130**, 131, 132, 133, 142, 144
アルディピテクス	Ardipithecus		❿	154, **155**, 156
アルバーテラ	Albertella		❶	119
アルバートサウルス	Albertosaurus	79	❽	**127**, 128, 129
アルバートネクテス	Albertonectes		❽	52, **53**, 54
アルバロフォサウルス	Albalophosaurus	89	❼	124, **125**
アレニプテルス	Allenypterus	30	❹	25, **26**
アロサウルス	Allosaurus	69, 73, 74	❻	59, **82**, **83**, 94, 95, **96**, **97**, **98**, 99, 100, 102, **103**, **104**, 116, 117
			❼	120, 123
			❽	**117**, 118, 123, 137, 142
アロデスムス	Allodesmus	124	❿	65
アロリカス	Allolichas		❷	53, **54**, 56
アンキオルニス	Anchiornis	69	❻	67, **68**, 69
アンキロサウルス	Ankylosaurus	88	❻	106
			❼	44
			❽	**92**, 93, 150
アングイラヴス	Anguillavus		❼	74

アンスラコメデューサ	Anthracomedusa	9	❹ 37, 38, 39
アンタークトペルタ	Antarctopelta		❽ 150, 151
アンドリュウサルクス	Andrewsarchus	117, 120, 124	❾ 138, 139, 140
アンドレオレピス	Andreolepis	28	❷ 131
アンハングエラ	Anhanguera	64	❽ 18, 19, 20
アンピクス	Ampyx		❷ 30, 31
アンフィキオン	Amphicyon	122	❹ 38, 39
アンブロケトゥス	Ambulocetus	125	❾ 155, 156, 157, 158, 159, 160
アンペロメリックス	Ampelomeryx	131	❿ 30, 31
アンモナイトの殻の移動痕			❻ 156
アンモナイト類の幼殻の密集化石			❹ 135
アンモニクリヌス	Ammonicrinus	10	❸ 81, 82, 83
イー	Yi	72	
イーダ			→ダーウィニウスの項を参照
イカディプテス	Icadyptes	82	❾ 92, 93, 94
イカロサウルス	Icarosaurus	49	❻ 67, 68
イカロニクテリス	Icaronycteris	115	❾ 103, 104, 105
イグアノドン	Iguanodon		❼ 123, 124
イクチオクリヌス	Ichthyocrinus		❷ 107
イクチオステガ	Ichthyostega	35	❷ 123, 124, 125, 126, 127, 128
			❹ 27, 28, 89
			❼ 164
イクチオデクテス	Ichthyodectes	29	❽ 37, 38
イクランドラコ	Ikrandraco	65	❸ 31, 32, 33
イスチグアラスティア	Ischigualastia	98	❺ 103, 104
イソキシス	Isoxys	148	❶ 71, 73, 98, 101, 109
イソテルス	Isotelus		❷ 54, 55, 56
イソロフス	Isorophus	13	❷ 58, 59
イタチ	Mustela itatsi		❾ 10, 31
イタチザメ	Galeocerdo cuvier		❽ 48, 49
イヌ／オオカミ			→カニス・ファミリアリスの項を参照
イノストランケビア	Inostrancevia	99	❹ 119, 120
			❺ 17, 18
イボイノシシ	Phacochoerus aethiopicus		❾ 107
イリエワニ	Crocodylus porosus		❿ 84
イリンゴケロス	Illingoceros	129	❿ 30
イワトビペンギン	Eudyptes		❿ 16
インカヤク	Inkayacu	82	❾ 88, 89
インシソスクテム	Incisoscutum		❸ 58
インドガビアル	Gavialis gangeticus		❽ 135
インドヒウス	Indohyus	124	❾ 152, 153, 155, 161
インドリコテリウム	Indricotherium	137	❾ 142, 143, 144, 145, 146
ヴァコニシア	Vachonisia	167	❸ 13, 14
ヴァンダーフーフィウス	Vanderhoofius		❿ 59, 60
ヴィエラエッラ	Vieraella	38	❻ 56, 57
ウィワクシア	Wiwaxia	139	❶ 71, 72, 101
ウインタクリヌス	Uintacrinus	11	❽ 30, 31, 32
ウインタテリウム	Uintatherium		❾ 136, 137
ウーパールーパー	Ambystoma		❺ 55
ウェインベルギナ	Weinbergina	158	❷ 96, 97
			❸ 20, 21, 80, 81
ウェツルガサウルス	Wetlugasaurus	37	❺ 17, 19
ヴェトゥリコラ	Vetulicola	171	❶ 88, 89, 97, 108, 109
ヴェナチコスクス	Venaticosuchus	57	❺ 106, 107, 108
ヴェヌストゥルス	Venustulus	158	❷ 97, 99
ヴェロキラプトル	Velociraptor		❼ 40, 42, 44, 48
ヴェンタステガ	Ventastega		❸ 127
ヴォラティコテリウム	Volaticotherium	101, 170	❻ 76, 77, 79, 80, 110, 111
ウシガエル	Rana catesbeiana		❼ 162
ウタツサウルス	Utatsusaurus	43	❺ 23, 24, 25, 26, 29, 30, 34, 50, 51
ウマ	Equus caballus		→エクウスの項を参照

ウミイグアナ	*Amblyrhynchus cristatus*		⑧	60
ウミユリの密集化石（ル・グランド産）			❹	10, 11
エウアンサス	*Euanthus*	175		
エウディモルフォドン	*Eudimorphodon*	62	❺	76, 77, 78
			❻	70, 71
エウトレタウラノスクス	*Eutretauranosuchus*	59	❻	51, 52
エウノトサウルス	*Eunotosaurus*	40		
エウビオデクテス	*Eubiodectes*		❼	75
エウロパサウルス	*Europasaurus*	85	❻	118, 119
エウロヒップス	*Eurohippus*		❾	117, 119, 120, 121
エーギロカシス	*Aegirocassis*	155		
エオスパーマトプテリス	*Eospermatopteris*	173	❸	138
エオドロマエウス	*Eodromaeus*	68, 87	❺	121, 122, 123, 124, 133
エオハルペス	*Eoharpes*		❷	26, 27
エオペロバテス	*Eopelobates*		❻	115, 116
エオマイア	*Eomaia*	107	❼	27, 29
エオラプトル	*Eoraptor*	84, 87	❺	102, 118, 119, 120 121, 122, 124, 133, 134
エカルタデタ	*Ekaltadeta*	106	❿	69, 70, 145
エクウス	*Equus*	135, 136	❾	42, 43, 52, 53
エクサエレトドン	*Exaeretodon*	100	❻	103, 105, 136, 137
エクソコエトイデス	*Exocoetoides*		❼	69, 71
エクノモカリス	*Ecnomocaris*		❶	107
エスカロポラ	*Escaropora*		❷	44
エスクマシア	*Escumasia*	177	❹	43
エスコニクティス	*Esconichthys*		❹	52, 53
エステメノスクス	*Estemmenosuchus*	97	❹	120, 121
エタシスティス	*Etacystis*	177	❹	42
エダフォサウルス	*Edaphosaurus*	96	❹	105, 106, 107, 108, 110, 112
			❺	86, 87, 88
エッセクセラ	*Essexella*	9	❹	36, 37, 39
エティオケトゥス	*Aetiocetus*	127	❾	169, 170, 171, 172
エトブラッティナ	*Etoblattina*		❹	69
エドモントサウルス	*Edmontosaurus*	90	❻	95, 96, 97, 98
エドモントニア	*Edmontonia*		❽	93, 94, 150
エナリアルクトス	*Enaliarctos*	123	❿	62, 63
エノプロウラ	*Enoploura*	12	❷	60, 61
エフィギア	*Effigia*	57	❺	95, 96
エミューカリス	*Emucaris*	148	❶	99, 100
エムボロテリウム	*Embolotherium*	133	❾	146, 147
エラスモサウルス	*Elasmosaurus*	47, 48	❽	52, 53
エラモスコーピウス	*Eramoscorpius*	165		
エリヴァスピス	*Errivaspis*	18	❸	43
エリオプス	*Eryops*	37	❹	88, 89, 90, 91, 101
			❼	164
エリテリウム	*Eritherium*		❾	54, 55
エルドレジオプス	*Eldredgeops*		❸	88, 89
エルベノセラス	*Erbenoceras*		❸	84, 86
エルベノチレ	*Erbenochile*		❸	88, 89, 92
エルラシア	*Elrathia*	156	❶	103, 106, 133
エレティスクス	*Eretiscus*		❾	94, 95
エンコダス	*Enchodus*		❼	69, 72
エンテログナトゥス	*Entelognathus*	22	❸	58, 59, 60
オヴィラプトル	*Oviraptor*	72	❼	48, 49
オウムガイ	*Nautilus pompilus*		❽	164, 165
オオアナコンダ	*Eunectes murinus*		❾	80, 81
オーウエネッタ	*Owenetta*		❺	16
オーエディゲラ	*Ooedegera*		❶	97
オーストラリアウンバチクラゲ	*Chironex fleckri*	9	❹	37, 38
オオナマケモノ			→メガテリウムの項を参照	
オカピ	*Okapia johnstoni*	129	❿	32, 33, 35, 36
オギゴプシス	*Ogygopsis*		❶	43
オキゴンドウ	*Pseudorca crassidens*		❾	164

185

日本語名	学名	ページ	番号	ページ
オクトメデューサ	Octomedusa	9	❹	38, 39
オサガメ	Dermochelys coriacea		❽	50, 51
オステオドントルニス	Osteodontornis	81	❿	15
オタヴィア	Otavia		❶	12, 13, 16, 17, 20
オットイア	Ottoia	145	❶	48, 70, 71
オッファコルス	Offacolus		❷	117, 120, 121, 122, 123, 125
オドントグリフス	Odontogriphus	139	❶	140, 141, 142, 143, 146, 147, 158, 163
オドントケリス	Odontochelys	40, 55	❺	60, 62, 63, 65
			❽	23, 24
オニコニクテリス	Onychonycteris	115	❾	103, 105
オニコプテレラ	Onychopterella		❷	69, 70, 71
オパビニア	Opabinia	149, 151	❶	62, 63, 64, 65, 100, 137, 138, 163
			❷	13
オフタルモサウルス	Ophthalmosaurus	44	❻	40, 41, 42, 145
			❼	143
オルサカンタス	Orthacanthus	24	❹	129, 130
オルソザンクルス	Orthrozanclus	139	❶	144, 145, 146
オルニトミムス	Ornithomimus	73	❽	99, 100, 101
オロリン	Orrorin		❿	154
カートリンカス	Cartorhynchus	43	❺	29, 30
カイウアジャラ	Caiuajara	65	❽	20, 21, 22, 23
カイルク	Kairuku	83	❾	94
カウディプテリクス	Caudipteryx	73	❼	12, 13, 15
カオグロキノボリカンガルー	Dendrolagus lumholtzi		❿	147
カガナイアス	Kaganaias	50, 54	❼	131, 134, 135, 136
ガストルニス	Gastornis	81	❾	82, 83, 84
			❿	11, 12
カストロカウダ	Castorocauda	101, 170	❻	74, 75, 76, 79, 80, 110, 111
ガストロセカ・グエンセリ	Gastrotheca guentheri		❿	17, 18
カスワイア	Kathwaia		❹	136
カタクチイワシ	Engraulis japonica		❿	16
カツオ	Katsuwonus pelamis		❾	85
カナダスピス	Canadaspis	149	❶	86, 109
カニス・ファミリアリス	Canis familiaris	103, 121	❾	9, 10, 11, 12, 29, 31, 32, 33, 34, 35, 36, 37, 38, 39, 154
			❿	34, 35, 56
カニス・ダイルス	Canis dirus	121	❿	92, 93, 94, 95, 96, 138
カバ	Hippopotamus amphibius		❾	55, 58
			❿	51
カピバラ	Hydrochoerus hydrochaeris		❿	49
ガブリエルス	Gabriellus		❶	125
カマラサウルス	Camarasaurus	85	❻	82, 83, 92, 93, 98
カメロケラス	Cameroceras	141	❷	50, 51, 52
ガラパゴスゾウガメ	Geochelone elephantopus		❺	65
カラミテス	Calamites	173	❹	49, 59, 61, 62, 139
カリオクリニテス	Caryocrinites		❷	109
カリコテリウム	Chalicotherium	136	❿	38, 39, 156
カリドスクトール	Caridosuctor	30	❹	24, 25, 26
ガリミムス	Gallimimus	73	❼	60, 61, 62
			❽	99
カルカロドントサウルス	Carcharodontosaurus	73	❽	137, 140, 141, 142, 148
カルキノソーマ	Carcinosoma	160	❷	88, 90
カルニア	Charnia	176	❶	28, 29, 39
カルニオディスクス	Charniodiscus	176	❶	24, 25, 29, 32
ガレサウルス	Galesaurus		❺	16, 17
カンスメリックス	Canthumeryx		❿	33
カンピログナイトイデス	Campylognathoides		❻	31, 35
カンプトストローマ	Camptostroma	13	❷	17
カンプトロパキコーペ	Campropachycope	168	❶	110, 111, 115
カンプロポダス	Campropodus		❶	106, 107
キアモダス	Cyamodus	45	❺	37, 39
キア	Qiyia	170	❻	81

日本語名	学名	ページ
キィルトバクトリテス	Cyrtobactrites	❸ 84, 86
ギガノトサウルス	Giganotosaurus	74 ❽ 131, **140**, **141**, 142, 148
キクルス	Cyclurus	❾ 115
キクロバティス	Cyclobatis	❼ 65, 68
キクロメデューサ	Cyclomedusa	❶ 39
キシロコリス	Xylokorys	❷ 119, 121, 125
		❸ 12, 13, 14
キティパティ	Citipati	❼ 49
キバウミニナ	Terebralia palustris	❿ 24
キハダ	Thunnus albacares	❺ 23
恐竜の尾（琥珀）		77
恐竜の「脳の化石」		90
ギラッファティタン	Giraffatitan	85 ❻ 119, **120**, 121, **122**, 123
ギリクス	Gillicus	29 ❽ 36, **37**, 38
キリン	Giraffa camelopardalis	129 ❺ 57
		❼ 138, 139
		❽ 52, 90
		❿ 31, 32, **33**, **35**, 36
キルトメトプス	Cyrtometopus	❸ 97
ギルバーツオクリヌス	Gilbertsocrinus	10 ❹ 14
キンガスピス	Kingaspis	❶ 129
キンカチョウ	Taeniopygia	❿ 14
キンベレラ	Kimberella	138 ❶ 33, **34**, **35**, 143, 146, 147
ギンヤンマ	Anax parthenope	❼ 70
クアドロプス	Quadrops	❸ 92, 93
クアマイア	Kuamaia	149 ❶ 86
グアンロン	Guanlong	71, **78**, 80 ❻ 64, **65**, 66
クークソニア	Cooksonia	172 ❷ **132**, **133**
クーラスクス	Koolasuchus	36 ❼ 164, **165**
クエネオサウルス	Kuehneosaurus	49 ❺ 66, **67**, 68
クエネオスクース	Kuehneosuchus	49 ❺ 66, 67, 68, 69
ククメリクルス	Cucumericrus	❶ 81, 131
クサンダレラ	Xandarella	149 ❼ **87**, 88
クジャク	Pavo cristatus	❽ 101
クセナカントゥス	Xenacanthus	25 ❹ **129**, 130
クッチケトゥス	Kutchicetus	126 ❾ **158**, 160
クテノカスマ	Ctenochasma	64 ❼ 149, 151, **153**
クテノスリッサ	Ctenothrissa	❼ 69, 72
クプロクリヌス	Cupulocrinus	❷ 57
クラッシギリヌス	Crassigyrinus	35 ❹ 31, **32**
クラドキュクルス	Cladocyclus	❻ 10, 11
クラドセラケ	Cladoselache	21, 24 ❸ **62**, 63
クランウェルツノガエル	Ceratophrys cranwelli	❼ 162
クリダステス	Clidastes	50 ❽ 64, 68, 69, 70
グリパニア	Grypania	❶ 11, 12
グリフォグナサス	Griphognathus	31 ❸ 72
グリプトドン	Glyptodon	114 ❿ **137**, 138
クリマティウス	Climatius	27 ❷ **130**, 131
		❸ 39, 65, 66
クレタラムナ	Cretalamuna	❼ 118
クレトキシリナ	Cretoxyrhina	25 ❽ 41, **42**, **43**, 44, 45, 48, 49, 51, 59, 70, 71
クレトダス	Cretodus	❽ 49
クロウディナ	Cloudina	❶ **165**, 166, 168
クロッソフォリス	Crossopholis	❾ 102, 103,
グロッソプテリス	Glossopteris	174 ❷ 80, **81**, 82, 115
		❺ 12, 13
クロノサウルス	Kronosaurus	47, **48** ❼ 142, 143, **144**
グロビデンス	Globidens	51 ❽ 67, 68, 70
クロマグロ	Thunnus orientalis	❺ 27, 35
クワジマーラ	Kuwajimalla	50 ❼ 134, **135**, 137
ケイチョウサウルス	Keichousaurus	46 ❺ **42**, **43**, 45, **50**
		❽ 57, 58

187

日本語	学名		番号	ページ
ケイリディウム	*Cheiridium*		⑨	133
ケイロピゲ	*Cheiropyge*	157	④	136
ケイロレピス	*Cheirolepis*	28	③	73
ケウッピア・ハイパーボラリス	*Keuppia hyperbolaris*		⑦	77, 79
ケウッピア・レヴァンテ	*Keuppia levante*		⑦	77, 78
ゲオサウルス	*Geosaurus*	60	⑧	52, 53
ケツァルコアトルス	*Quetzalcoatlus*	65	⑦	138, 139, 140, **141**
ケッビテス	*Chebbites*		③	85
ケナガマンモス	*Mammuthus primigenius*	111, **112**	⑨	65
			⑩	102, **104**, **105**, 106, **107**, 110, 111, 112, **113**, 114, 115, 123, 138, 139, 147, 159
ケファラスピス	*Cephalaspis*	19	③	40, 41, 42
ゲムエンディナ	*Gemuendina*	19	③	20, 44
ケラトヌルス	*Ceratonurus*			95, 96
ゲラリヌラ	*Geralinura*	166	④	45, 46
ゲラルス	*Gerarus*	170	④	46, 47
ケリグマケラ	*Kerygmachela*	150	①	**94**, 95, 96, **137**, 138
ゲロトラックス	*Gerrothorax*	36	⑤	54, 55
ゲロバトラクス	*Gerobatrachus*	36	④	91, 92
			⑤	53
			⑥	55, 56
コアラ	*Phascolarctos cinereus*	104	⑩	67, **74**
コウイカ	*Sepia esculenta*		⑦	104
コウテイペンギン	*Aptenodytes forsteri*		⑨	86, 92, 94, 96
コエラカンタス	*Coelacanthus*		④	131
コエルロサウラヴス	*Coelurosauravus*	92	④	96, **97**, **98**, 99, 101
			⑤	66, 68, 69
コエロフィシス	*Coelophysis*	69	⑤	133, **134**, **135**
コガタペンギン	*Eudyptula*		⑨	95
コケニア	*Kokenia*		③	84, 86
ココモプテルス	*Kokomopterus*			→スティロヌルスの項を参照
コッコダス	*Coccodus*		⑦	65, **68**
ゴティカリス	*Goticaris*	168	①	**112**, 113, 115
コティロリンクス	*Cotylorhynchus*	95	④	110, **111**, 112
コニオフィス	*Coniophis*		⑦	156, **158**
ゴニオフォリス	*Goniopholis*	59	⑥	**50**, 51, 52
コネプルシア	*Koneprusia*		③	96
コノドント	*Conodont*		②	65, 66, **67**, 68, 69, 77
コビトカバ	*Choeropsis liberiensis*		⑨	58
コプロライト			⑤	22, 109, **110**, 111
			⑧	120, 121, 149
コペプテリクス	*Copepteryx*		⑨	96
コモチカナヘビ	*Zootoca vivipara*		⑦	29
コヨーテ	*Canis latrans*		⑨	33
			⑩	93, 96
ゴライアスガエル	*Conraua goliath*		⑦	162
ゴリラ	*Gorilla*	136	⑩	156
コリンボサトン	*Colymbosathon*		②	**124**, 125
コロナコリナ	*Coronacollina*	177	①	166, **167**, 168
コロンビアマンモス	*Mammuthus columbi*	112	⑩	97, **98**, **99**, 101, 102, **103**
コンヴェキシカリス	*Convexicaris*	151	④	**40**, 41
コンカヴィカリス	*Concavicaris*	151	④	**40**, 41
ゴンドワナスコルピオ	*Gondwanascorpio*		③	129
ゴンフォタリア	*Gomphotaria*	123	⑨	64
ゴンフォテリウム	*Gomphotherium*	109	⑨	61, **62**, 63, 64, 65
コンプソグナトゥス	*Compsognathus*	70	⑥	**128**, 129, 142, **143**
サイカニア	*Saichania*	88	⑦	45, 46
サウリクチス	*Saurichthys*		⑤	48
サウリプテルス	*Sauripterus*		③	110, **111**, 112, 123
サウロケファルス	*Saurocephalus*		⑧	41
サウロスクス	*Saurosuchus*	58	⑤	82, 83, 97, **98**, 99, 100, 101, 120
サウロドン	*Saurodon*	29	⑧	39, **40**, 41

サカバンバスピス	*Sacabambaspis*	17	❷	73, **74**, 75, 126
ザカントイデス	*Zacanthoides*		❶	**120**, 175
サッココマ	*Saccocoma*	11	❻	157
ザトウクジラ	*Megaptera novaeangliae*		❺	34
			❾	168
サナジェ	*Sanajeh*	53	❼	159, **160**, 161
サバンナシマウマ	*Equus quagga*		❾	42
サヘラントロプス	*Sahelanthropus*		❿	**153**, 154, 156
サモテリウム	*Samotherium*	129	❿	33, **35**, 36
ザルガイ	*Vasticardium burchardi*		❿	87
サルコスクス	*Sarcosuchus*	60	❼	149, **150**, 151
サンタナケリス	*Santanachelys*		❽	22, 23, 24
サンマ	*Cololabis saira*		❾	85
シアッツ	*Siats*		❽	**123**, 125
ジェニキュログラプトウス	*Geniculograptus*		❷	61
シギラリア	*Sigillaria*	94, 172	❹	59, **60**, 65, **139**
ジサイチョウ	*Bucorvus*		❼	142
システロニナ	*Sisteronia*		❼	**146**, 147
始祖鳥				→アルカエオプテリクスの項を参照
シチュアノベルス	*Sichuanobelus*	144	❼	11, 12, **13**
シデロプス	*Siderops*	36	❼	**164**, 165
シドネイア	*Sidneyia*		❶	48, **58**, 60, 108
死の足跡化石			❻	64
シノサウロスファルギス	*Sinosaurosphargis*		❻	**60**, 61
シノサウロプテリクス	*Sinosauropteryx*	72, **74**	❼	10, **11**, 12, 15
シノルニトサウルス	*Sinornithosaurus*	74	❼	**14**, 15
シバテリウム	*Sivatherium*	129	❿	**33**, 34, 36
シファクティヌス	*Xiphactinus*	29	❼	34, **35**, 36, 37, 38, 41, 45
シファッソークタム	*Siphusauctum*	177	❶	**158**, 159, 160, 163
シモエドサウルス	*Simoedosaurus*	42	❾	76, **77**, 78, 79
ジャイアント・ウォンバット				→ファスコロヌスの項を参照
ジャガー	*Panthera onca*	119	❾	23, 24
			❿	93
ジャコウウシ	*Ovibos moschatus*		❽	90
シャスタサウルス	*Shastasaurus*	43	❺	34
シャチ	*Orcinus orca*		❾	168
シャルゴルダーナ	*Shergoldana*		❶	114, **115**
シャロビプテリクス	*Sharovipteryx*	92	❺	69, **70**, 71, 72, 73, 74
ジャンジュケトゥス	*Janjucetus*	127	❾	172
シュードフィリプシア	*Psudophillipsia*		❹	137
シュードヘスペロスクス	*Pseudohesperosuchus*	58	❺	106, **107**, 108
ジュラヴェナトル	*Juravenator*	70	❼	142, 143, **144**, **145**
ジュラマイア	*Juramaia*	107	❻	78, **79**, 80
初期四足動物の足跡化石			❸	**108**, 109
ジョセフォアルティガシア	*Josephoartigasia*	137	❿	**49**, 50
ショニサウルス	*Shonisaurus*	43	❺	31, **34**
ジラファ・シヴァレンシス	*Giraffa sivalensis*		❿	36
シロサイ	*Ceratotherium simum*		❾	146
シロナガスクジラ	*Balaenoptera musculus*		❾	168
シロハラダイカー	*Cephalophus leucogaster*		❽	**89**, 90
シンシネティナ	*Cincinnetina*		❷	44
シンダーハンネス	*Schinderhannes*	156	❸	10, **11**
シンディオケラス	*Syndyoceras*	128	❿	**28**, 29, 30
シンテトケラス	*Synthetoceras*	128	❿	28, **29**
シンフィソプス	*Symphysops*		❷	**25**, 26
ジンベイザメ	*Rhincodon typus*		❸	60
シンラプトル	*Sinraptor*	70	❼	59, **60**, 61
スーパーサウルス	*Supersaurus*	85	❻	**82**, 83, 86, 87, 88, 90, 91
スーマスピス	*Soomaspis*	150	❷	**71**
スカラリテス	*Scalarites*		❼	87
スキウルミムス	*Sciurumimus*	70	❻	145, **146**, **147**, 148

スキポノセラス	*Sciponoceras*	142	❼	98
スクアリコラックス	*Squalicorax*	25	❽	48, 49, 75, 77
スクテロサウルス	*Scutellosaurus*	87	❻	107, 108, 109
スクトサウルス	*Scutosaurus*		❹	100, 101, 103
			❺	17
スケーメラ	*Skeemella*		❶	109
スケリドサウルス	*Scelidosaurus*	87	❻	107, 108
スタゴノレピス	*Stagonolepis*	56	❺	93, 94, 95
スタンレイカリス	*Stanleycaris*		❶	132
スッキニラケルタ	*Succinilacerta*		❾	134
スッポン	*Pelodiscus sinensis*		❻	60
スティギモロク	*Stygimoloch*		❽	91
スティレトオクトプス	*Styletoctopus*		❼	77, 79
スティロヌルス	*Stylonurus*	159	❷	92, 93, 94
ステゴケラス	*Stegoceras*		❽	88, 89, 90
ステゴサウルス	*Stegosaurus*	88	❺	124, 127
			❻	82, 83, 100, 101, 102, 103, 104, 105, 106, 107, 109, 110, 117
ステゴテトラベロドン	*Stegotetrabelodon*	111	❾	56, 63, 64, 65
			❿	102
ステネオサウルス	*Steneosaurus*		❻	31, 32, 33, 36
ステノディクティア	*Stenodictya*	170	❹	69, 70
ステノプテリギウス	*Stenopterygius*	44	❻	23, 24, 25, 26, 27, 28, 30, 37
ストレプタステル	*Streptaster*		❷	59
スピノサウルス	*Spinosaurus*	74	❺	86, 87, 88
			❼	57
			❽	132, 133, 134, 135, 136, 137, 138, 139
スファエロコリフェ	*Sphaerocoryphe*		❷	28
スフェニスクス	*Spheniscus*		❾	92
			❿	14, 15, 16
スポテッド・ガー	*Lepisosteus oculatus*		❸	75
				115
スミロドン	*Smilodon*	120	❾	19, 24, 25, 26, 27, 28, 35, 57
			❿	46, 90, 91, 92, 93, 96, 138, 147, 156
スリモニア	*Slimonia*	160	❷	89, 90, 94
セイムリア	*Seymouria*	36	❹	84, 85, 86, 87, 91
セイロクリヌス	*Seirocrinus*		❻	37, 38, 39
セグロジャッカル	*Canis mesomelas*		❾	33
ゼニガタアザラシ	*Phoca vitulina*		❿	63
ゼノスミルス	*Xenosmilus*	119	❾	19, 22, 24
セミクジラ	*Eubalaena japonica*		❾	168
セラタイト類			❺	20, 139
ゾウムシの一種			❾	131
ダーウィニウス	*Darwinius*	116	❾	124, 125, 126, 127
ダーウィノプテルス	*Darwinopterus*	63	❹	69, 70, 72, 73
ダイアウルフ				→カニス・ダイルスの項を参照
ダイセラス	*Diceras*	140	❼	108
タカハシホタテ	*Fortipecten takahashii*		❿	24, 25, 26, 27, 156
ダクチリオセラス	*Dactylioceras*		❻	21
ダコサウルス	*Dakosaurus*	60	❻	52, 53, 54, 55
ダチョウ	*Struthio camelus*		❻	142
			❽	100
タニストロフェウス	*Tanystropheus*	92	❺	55, 56, 57, 58
タヌキ	*Nyctereutes procyonoides*		❾	29
タフォゾウス	*Taphozous*		❿	76
タペジャラ	*Tapejara*	66	❽	12, 13, 14, 15, 21
ダペディウム	*Dapedium*		❻	31, 35, 36, 37
タミシオカリス	*Tamisiocaris*	154, 155		
タラッソドロメウス	*Thalassodromeus*	66	❽	15, 16, 17
タラットアルコン	*Thalattoarchon*	44	❻	30, 31, 32, 33, 49, 50, 51
タルボサウルス	*Tarbosaurus*	78	❼	21, 50, 51, 52, 53, 56, 57
			❽	117, 126, 127, 128, 129

ダルマニテス	Dalmanites		❷	**114**, 115
タレンティセラス	Talenticeras		❸	85
ダンクレオステウス	Dunkleosteus	22	❸	20, **54**, **55**, **56**, 57
タンバティタニス	Tambatitanis	86	❼	126, 127, **136**
チーター	Acinonyx jubatus		❾	13
チャオフサウルス	Chaohusaurus	43, 44	❺	23, **26**, **27**, 28, 29, 30, 34
チャンプソサウルス	Champsosaurus	42		108, **109**
			❾	74, 76, 77, 78, 79
チョイア	Choia	9	❶	71, **72**, 98
チョテコプス	Chotecops		❸	22, **23**
チンパンジー	Pan		❿	154, 156, 158
ツチブタ	Orycteropus afer	102	❻	111
ツパンダクティルス	Tupandactylus	65, 66	❽	12, **13**, **14**, 16, 21, 22, 73
ツリモンストラム	Tullimonstrum	16	❹	39, 40, 41, 43
ツリリテス	Turrilites		❼	**85**, 86
ディアデクテス	Diadectes	35	❹	32, **33**
ディアニア	Diania	145	❶	**155**, **156**, 157
ディアボレピス	Diabolepis		❸	71
ディイクドン	Diictodon	98	❹	**115**, **116**, **117**, 118, **137**
ティクターリク	Tiktaalik	32	❸	**116**, **117**, **118**, **119**, 120, 123, 127
ディクラヌルス	Dicranurus		❸	93, **94**, 95
ディクラノペルティス	Dicranopeltis		❷	**113**, 114, 115
ディクロイディウム	Dicroidium		❺	13
ディスコサウリスクス	Discosauriscus		❹	87
ティタノサルコリテス	Titanosarcolites	140	❼	109
ティタノボア	Titanoboa	53	❾	80, **81**, 82
ディッキンソニア	Dickinsonia	178	❶	21, **22**, 25, 31, 32, 37, 38, **39**
ディディモセラス	Didymoceras	142	❺	92, **93**, **94**, 95
ディニクチス	Dinictis	118	❾	13, **15**, 16, 111
デイノケイルス	Deinocheirus	73, 75	❼	56, 57, **58**, 60, 63
デイノスクス	Deinosuchus	61	❽	**106**, **107**, 108, 119
デイノテリウム	Deinotherium	109	❾	66, 68
デイノニクス	Deinonychus	75	❽	**104**, 105
ディバステリウム	Dibasterium		❷	122, **123**, 125
ディプテルス	Dipterus	31	❸	**71**, 72, 73
ディプノリンクス	Dipnorhynchus	31	❸	**71**, 72
ディプラカンサス	Diplacanthus			63, 64
ディプロカウルス	Diplocaulus	38	❹	**90**, 91
ディプロドクス	Diplodocus	85	❻	88, **89**, 90, 98
ディプロトドン	Diprotodon	105	❿	143, **144**, 145, 146
ディプロモセラス	Diplomoceras		❽	164
ティムルレンギア	Timulengia	80		
ディメトロドン	Dimetrodon	96	❹	105, 106, **108**, **109**, 110, 112
			❺	86, 87, 88
ディメトロドン・ギガンホモゲネス	D. giganhomogenes		❹	110
ディメトロドン・グランディス	D. grandis		❹	109
ディメトロドン・リムバトゥス	D. limbatus		❹	109, 110
ティラキヌス	Thylacinus	103	❿	**142**
ティラコスミルス	Thylacosmilus	102	❿	**45**, 46, 48
ティラコレオ	Thylacoleo	104	❿	**140**, **141**
ティラノサウルス	Tyrannosaurus	73, 78, **79**, 80, 89	❺	97, **99**, 124
			❻	59, 65, 66, 94, 95, 97, 142
			❼	19, 21, 51
			❽	79, 82, 92, 106, 107, **110**, 111, **112**, **113**, **114**, **115**, **116**, **117**, 118, **119**, 120, 121, **122**, **123**, 125, 126, 127, **128**, **129**, 133, 134, 137, 142, 146
ティロサウルス	Tylosaurus	51	❽	**64**, **69**, 70, 71, 77
ディロング	Dilong	78, 80	❼	19, **20**, 21
			❽	126, **129**
ディンゴ	Canis lupus dingo		❾	33
			❿	149
テグートカゲ	Tupinambis teguixin		❼	135

デスマトスクス	Desmatosuchus		❺	**92**, 93
デスモスチルス	Desmostylus	113, 125	❿	50, 55, **56**, **57**, **58**, **59**, 60
テトラポドフィス	Tetrapodophis	54		
テラタスピス	Terataspis		❸	98, 99
テリジノサウルス	Therizinosaurus	75	❼	**61**, **62**, 63
デルフィノルニス	Delphinornis		❾	89, 90, 93
トアテリウム	Thoatherium	132	❿	**40**, 41
トゥオジャンゴサウルス	Tuojiangosaurus	88	❻	**109**, 110
トウキョウホタテ	Mizuhopecten		❿	86
陡山沱の胚化石			❶	**15**, 16, 17, 18
トゥゾイア	Tuzoia		❸	58, **59**, 101
トゥプクスアラ	Tupuxuara	67	❽	16, **17**
トクサ	Equisetum		❹	59
トクソドン	Toxodon	132	❿	**42**, **43**, 47
ドシディクス	Dosidicus		❼	105
トノサマガエル	Rana nigromaculata		❹	91
トビトカゲ	Draco		❺	68
トヨタマフィメイア	Toyotamaphimeia	61	❿	**83**, 84, 85, 86
トラ	Panthera tigris		❾	13, 19, 28, 138
ドラコレックス	Dracorex			91
ドリアスピス	Doryaspis	18	❸	**43**
トリアドバトラクス	Triadobatrachus	38	❺	**52**, **53**, 54
			❻	**56**, 57
			❿	**17**, 18
トリアルトゥルス	Triarthrus		❷	**38**, **39**, **40**, 41
ドリオダス	Doliodus		❸	**61**
ドリグナトゥス	Dorygnathus	63	❻	31, **34**, 35
ドリクリヌス	Dorycrinus	11	❶	**12**
トリクレピケファルス	Tricrepicephalus			121
トリケラトプス	Triceratops	89	❺	124, **127**
			❽	79, **80**, **81**, 82, **83**, **84**, **85**, **86**, 87, 92
トリケロメリックス	Triceromeryx	131	❿	30, **31**
ドリコフォヌス	Dolichophonus	165	❷	**101**
トリナクロメルム	Trinacromerum		❽	**56**, 57
トリブラキディウム	Tribrachidium	178	❶	**25**, 28, 32
トリペレピス	Tolypelepis	17	❷	**126**
ドルドン	Dorudon	126	❾	163, **164**, **165**
トルボサウルス	Torvosaurus	71	❺	**116**, 117
トルボサウルス・グルネイ	T. gurneyi		❻	117
トルボサウルス・タンネリ	T. tanneri		❻	117
ドルマーロキオン	Dormaalocyon		❾	10, 11
ドレパナスピス	Drepanaspis	18	❸	**18**, **19**, 20
ドレパノサウルス	Drepanosaurus	93, 94	❺	**81**
トレプトケラス	Treptoceras		❷	**50**
トレマタスピス	Tremataspis	19	❷	**126**, **127**
			❸	**39**, 41
ドレロレヌス	Dolerolenus		❶	**126**
トロオドン	Troodon	75	❽	**102**, 103
トロゴンテリーマンモス	Mammuthus trogontherii	111, 112	❿	102, **103**, 106
ナイティア	Knightia		❾	**100**, 101
ナウマンゾウ	Palaeoloxodon naumanni	112	❿	**108**, **109**, 110, 111, **112**, 113, 114, 115, 116, 122
ナガスクジラ	Balaenoptera physalus		❺	34
			❾	162
ナジャシュ	Najash	53, 54	❼	156, **157**, 158
ナナイモテウティス	Nanaimoteuthis	144	❼	**105**
ナヘカリス	Nahecaris		❸	**23**, 24
ナムロティプス	Namurotypus		❹	**71**
ナラオイア	Naraoia	148	❼	47, **77**, 88
ニクトサウルス	Nyctosaurus	67	❽	72, 73, **74**, 75
ニジェールサウルス	Nigersaurus	86	❽	**145**, 146
ニタリ	Lamna ditropis		❽	**45**
ニッポニテス	Nipponites	143	❼	82, **83**, 84, **89**, 90

ニホンアマガエル	Hyla japonica		❻	57
ニホンジカ	Cervus nippon		❿	115
ニューロプテリス	Neuropteris	174	❾	47, **48**
ニンニクガエル	Pelobates fuscus		❾	115, 116
ニンバキヌス	Nimbacinus	103	❿	**69**, 70, 142
ネオケラトダス（オーストラリアハイギョ）	Neoceratodus		❸	**70**, 71, 121
ネオヒボリテス	Neohibolites		❾	**100**, 102
ネオヘロス	Neohelos	105	❿	70, **71**, 145
ネクトカリス	Nectocaris	141	❶	149, **150**, 151, **152**, 153, 158, 163
ネコ / イエネコ				→フェリス・カトゥスの項を参照
ネズミザメ	Lamna ditropis		❽	44
ネッタペゾウラ	Nettapezoura	150	❶	107, **108**
ネマトノトゥス	Nematonotus		❼	74
ネミアナ	Nemiana		❶	37
ネレオカリス	Nereocaris	150	❶	160, **161**, 162
ノーウーディア	Norwoodia		❶	122
ノコギリエイ	Pristis		❹	52
ノトゴネウス	Notogoneus		❾	101, **102**, 103
ノトサウルス	Nothosaurus	46	❺	**44**, 45, 50, 51
ノドチャミユビナマケモノ	Bradypus variegatus		❿	133, 136
ハーパゴフトゥトア	Harpagofututor	23	❹	22, **23**, 26
ハーペトガスター	Herpetogaster	178	❶	153, **154**, 155
ハーポセラス	Harpoceras		❻	**20**, 21
ハイエンケリス	Hayenchelys		❼	69, **70**, 74
ハイコウイクティス	Haikouichthys		❶	90, **91**
ハイポツリリテス	Hypoturrilites		❼	**85**, 86
ハイラエオチャンプサ	Hylaeochampsa		❼	153, 154
ハエナミクヌス	Haenamichnus		❼	140, **141**
パキケトゥス	Pakicetus	125	❼	153, **154**, 155, 156, 165
パキケファロサウルス	Pachycephalosaurus	89	❽	87, 88, **90**, **91**, 92
パキディプテス	Pachydyptes		❾	93
バキュリテス	Baculites		❼	**88**, 98
パキラキス	Pachyrhachis	53, **54**	❼	**155**, 156, 158, 159
ハサミアジサシ	Rychops		❼	141
ハシブトガラス	Corvus macrorhynchos		❻	128
バシロサウルス	Basilosaurus	126	❾	**161**, 162, 163, 164, 165
ハツェゴプテリクス	Hatzegopteryx		❼	140, **141**
ハツカネズミ	Mus musculus		❿	27
パッサロテウティス	Passaloteuthis		❻	22
パノトゥス	Panochthus		❿	137, **138**
ハボロテウティス	Haboroteuthis	144	❼	**104**, 105
パラエウディプテス	Palaeeudyptes		❾	**93**, 94
パラエオピトン	Palaeopython		❾	117
パラケラウルス	Paraceraurus		❷	**36**, 37
パラケラテリウム	Paraceratherium			→インドリコテリウムの項を参照
パラサウロロフス	Parasaurolophus		❽	98
パラスピリファー	Paraspirifer		❸	**77**, 78
パラセリテス	Paracelites		❹	134
パラドキシデス	Paradoxides		❶	123
パラトドンタ	Palatodonta		❺	36, **37**
パラネフロレネルス	Paranephrolenellus		❶	117
バラの花（琥珀）			❾	135
パラフィリプシア	Paraphillipsia		❹	137
パラペイトイア	Parapeytoia	153	❶	81, 82, 87, **131**, 132
バリクリヌス	Barycrinus		❹	13, 14
パルヴァンコリナ	Parvancorina		❶	35, **36**, 39
ハルキエリア	Halkieria	138	❶	92, 94, **144**, 171
ハルキゲニア・スパルサ	Hallucigenia sparsa	146	❶	65, **66**, 67, 82, 83
ハルキゲニア・フォルティス	Hallucigenia fortis	147	❶	**82**, 83, 84
バルコラカニア	Balcoracania		❶	124
バルボロフェリス	Barbourofelis	118	❾	16, 17
パレオイソプス	Palaeoisopus	157	❸	22

193

パレオカリヌス	Palaeocharinus	166	❸	36, 37
パレオスコルピヌス	Palaeoscorpinus		❷	102
パレオソラスター	Palaeosolaster		❸	16
パレオパラドキシア	Paleoparadoxia	113, 125	❿	54, 55, 58, 59, 60
パレオフィジテス	Palaeofigites		❾	132
パレロプス	Palelops		❽	10, 11
パンデリクチス	Panderichthys	32	❸	115, 116, 118, 123
バンドリンガ	Bandringa	25	❹	50, 51
パンファギア	Panphagia	84	❺	121, 122
パンブデルリオン	Pambdelurion	150	❶	95, 96, 137, 138, 157
ヒアエノドン	Hyaenodon	117	❾	110, 111
ピアチュラ	Peachella		❶	119
ビーバー	Castor	101	❻	74, 75
ピカイア	Pikaia	14, 15	❶	68, 69, 88, 89
ヒカゲノカズラ	Lycopodium		❹	57
ビカリア	Vicarya	144	❿	24, 25
ピクノクリヌス	Pycnocrinus	10	❷	57, 58
ヒグマ	Ursus arctos		❾	38, 39, 40
ピサノサウルス	Pisanosaurus	87	❺	124, 127
微小有殻化石群			❶	169, 170
ヒッパリオン	Hipparion	135	❾	49, 50, 51
ヒプシプリムノドン・バルソロマイイ	Hypsiprymnodon bartholomaii	106	❿	70, 74, 75
ヒプロネクター	Hypuronector	94	❺	80
ヒポディクラノトゥス	Hypodicranotus		❷	23, 24, 25, 26
ヒメアリクイ	Cyclopes didactylus	93	❺	81
ヒメウォンバット	Vombatus ursinus		❿	142, 143
ピューマ	Puma concolor	118	❿	93
ヒョウ	Panthera pardus		❾	16, 17, 28
			❿	46, 140
ヒラコテリウム	Hyracotherium	134	❾	43, 44, 45, 46, 52, 55, 56, 106, 109
ヒラコドン	Hyracodon	137	❾	109, 111
ヒラメ	Paralichthys olivaceus		❾	85
ヒロノムス	Hylonomus	94	❹	63, 64, 65
ファコプス	Phacops		❸	88, 90
ファスコロヌス	Phascolonus	104	❿	143, 145, 146
ファソラスクス	Fasolasuchus	58	❺	100, 101, 126, 130, 131
フアヤンゴサウルス	Huayangosaurus	87	❻	109, 110
ファラゴモリテス	Phragmolites		❷	63
ファランギオタープス	Phalangiotarbus	164	❹	44, 45
ファルカトゥス	Falcatus	24	❹	20, 21, 22, 23, 26
フィオミア	Phiomia	108	❾	59, 60, 61
ブイジラ				→ベウユラの項を参照
フェリス・カトゥス	Felis silvestris catus	68, 104	❺	116
			❾	9, 10, 11, 12, 13, 28, 29, 31, 36
フェレット（ヨーロッパケナガイタチ）	Mustela putorius		❾	10
フォスファテリウム	Phosphatherium	108	❾	55, 57
フォスフォロサウルス	Phosphorosaurus	52		
フォルスラコス	Phorusrhacos	81	❿	12
フォルティフォルケプス	Fortiforceps	151	❶	86, 87
フクイサウルス	Fukuisaurus	90	❼	121, 123, 124, 136
フクイティタン	Fukuititan		❼	122, 124
フクイラプトル	Fukuiraptor	76	❼	120, 122, 124, 136
フクシアンフィア	Fucianhuia		❶	176, 177
フグミレリア	Hughmilleria	161	❷	90, 91, 93
フクロオオカミ				→ティラキヌスの項を参照
プシッタコサウルス	Psittacosaurus		❼	26
フタバサウルス（フタバスズキリュウ）	Futabasaurus	47, 48	❻	43
			❼	116, 117, 118, 124, 136
			❿	32
プテラノドン	Pteranodon	67	❺	74, 77, 78
			❻	70, 71
			❽	72, 73, 75

プテリゴトゥス	*Pterygotus*	161, 162	❷	84, **85**, **86**, 87, 89, 90, 93, 94, 100, 102
			❸	80
プテリディニウム	*Pteridinium*	178	❶	30, **31**, 32
プテロダクティルス	*Pterodactylus*	64	❻	70, 149, **152**
プトマカントゥス	*Ptomacanthus*	28	❸	64, **65**, 66
プノステゴス	*Bunostegos*	39	❾	**102**, **103**
プミリオルニス	*Pumiliornis*		❾	122, **123**
ブラウンスイシカゲガイ	*Fuscocardium*		❿	87
ブラカウケニウス	*Brachauchenius*		❽	56
ブラキオサウルス	*Brachiosaurus*	85	❻	119, 121, 122
ブラキッポシデロス	*Brachipposideros*		❿	75
プラコダス	*Placodus*	45	❺	34, **35**, 36, 37, **50**, **51**
プラセンチセラス	*Placenticeras*		❽	32, **33**, 34, 65, **66**
ブラッドガティア	*Bradgatia*	176	❶	28, **29**
プラティスクス	*Platysuchus*		❻	31, **32**, **33**
プラティストロフィア	*Platystrophia*		❷	**46**, **47**
プラティプテリギウス	*Platypterygius*	44	❼	143, **146**, **147**
プラティベロドン	*Platybelodon*	108, 110	❾	59, 60, **61**, 63, 65
プラテカルプス	*Platecarpus*	51	❽	59, **60**, **61**, **62**, **63**, **64**, 69, 70
プラビトセラス	*Pravitoceras*	142, 143	❼	93, **94**, 95, 96, **97**, 98
プリオサウルス	*Pliosaurus*		❻	44, **46**, 47
プリオヒップス	*Pliohippus*	135	❾	49, **51**, **57**
プリスカカラ	*Priscacara*		❾	101, **102**, 103
プリスシレオ	*Priscileo*	104	❿	**68**, 69, 70, 140
ブリストリア	*Bristolia*		❶	119
プリマエヴィフィルム	*Primaevifilum*		❶	8, 9, 10
フルイタフォッソル	*Fruitafossor*	102	❻	82, **110**, 111
フルカ	*Furca*	167	❷	**11**, **12**, 13
			❻	**12**, 13, 14
フルディア	*Hurdia*	153, 155	❶	132, **137**, **147**, **148**, 149
			❸	**11**, 13
ブルパブス	*Vulpavus*		❾	10, 11
プレオンダクティルス	*Preondactylus*	62	❺	**77**, 78
フレキシカリメネ	*Flexicarimene*		❷	**55**, **56**
プレシオサウルス	*Plesiosaurus*	46	❻	29, 30, 31, **43**
ブレドカリス	*Bredocaris*		❶	**113**, 115
フレボレピス	*Phlebolepis*	18	❷	128, **129**
			❸	38
フレングエリサウルス	*Frenguellisaurus*	68	❺	126, **128**, **129**
プロエタス	*Proetus*		❸	100, **101**
プロガノケリス	*Proganochelys*	40, 55	❻	63, **64**, 65
プロガレサウルス	*Progalesaurus*		❺	14, **15**
プログナソドン	*Prognathodon*		❽	62, 65, **66**, 67, 70
プロコプトドン	*Procoptodon*	106	❿	145, **146**, 147
プロサウロドン	*Prosaurodon*		❽	41
プロサリルス	*Prosalirus*	39	❸	**56**, 57
プロタカルス	*Protacarus*	163	❷	**33**, **34**
プロタンキロセラス	*Protancyloceras*	142	❻	**159**
プロトアーケオプテリクス	*Protarchaeopteryx*	76	❼	12, **13**, 15
プロトケラトプス	*Protoceratops*		❼	40, **42**, **44**, 48, 49
プロトスクス	*Protosuchus*	59	❻	**48**, 49, 50
			❼	153, **154**
プロトプテルム	*Plotopterum*	83	❾	95, 96
プロドレモテリウム	*Prodremotherium*		❿	33
プロパラエオテリウム	*Propalaeotherium*	135	❾	117, 119, **120**, 121
プロベレソドン	*Probelesodon*	100	❺	103, **105**, 108, **136**, 137
プロミッスム	*Promissum*	16	❷	67, 68, **69**
プロリビテリウム	*Prolibytherium*	131	❿	30, **31**
プロトダクティルス	*Prorotodactylus*	68	❻	114, **115**, **116**, 117
プロングホーン（エダツノレイヨウ）	*Antilocapra americana*		❿	30
ブロントサウルス	*Brontosaurus*	84	❻	90, 91

ブロントスコルピオ	Brontoscorpio	165	❷	102, **103**
ペイトイア	Peytoia	153	❶	58, 60
ベイピアオサウルス	Beipiaosaurus	76	❼	**14**, 15
ペウユラ	Puijila	123	❿	**61**, 62, 63
ヘキサメリックス	Hexameryx	129	❿	30
ヘスペロキオン	Hesperocyon	121	❾	29, **30**, 31, 32, 37, 41, **111**
ヘスペロルニス	Hesperornis	81	❽	**76**, 77
ベックウィチア	Beckwithia		❷	94
ペデルペス	Pederpes	35	❹	**28**, **29**, 30
ヘノダス	Henodus	45	❺	37, **38**
ベヘモトプス	Behemotops	113	❿	**53**, 55, 58, **59**
ヘミキオン	Hemicyon	122	❾	**39**, 40
ヘラジカ	Alces alces		❿	34, 122
ベラントセア	Belantsea	23	❹	23, **24**, 26
ヘリアンサスター	Helianthaster		❸	**15**, 16
ヘリコプリオン	Helicoprion	23	❹	**125**, **126**, **127**, 128
ベルゼブフォ	Beelzebufo	39	❼	161, **162**, 163
ベルツノガエル	Ceratophrys ornata		❼	162
ペルディプテス	Perudyptes	83	❾	90, **91**, 92
ベルニサルティア	Bernisartia	59	❼	151, **152**, 153
ヘルレラサウルス	Herrerasaurus	68	❺	124, **125**, 126, 129
ペロネウステス	Peloneustes	47	❻	29, **30**, 31
ペンテコプテルス	Pentecopterus	159		
ボア	Boa constrictor		❾	80
ボエダスピス	Boedaspis		❷	34, **35**
ボスリオレピス	Bothriolepis	**19**, 21	❸	44, **45**, **46**, **47**, **48**, **49**, **50**, 51, 52, 70
ボスリオレピス・カナデンシス	B. canadensis	**19**, 20	❸	**45**, **46**, 47, **48**, **49**, **50**, 51
ボスリオレピス・ギガンテア	B. gigantea	20		
ボスリオレピス・ザドニカ	B. zadonica		❸	47
ボスリオレピス・マキシマ	B. maxima	20		
ボスリオレピス・レックス	B. rex	20		
ホタテガイ	Mizuhopecten yessoensis		❿	26, 27, 86, 87
ホッカイドルニス	Hokkaidornis	83	❾	96, **97**, **98**
ホッキョクグマ	Ursus maritimus		❾	40
ボブキャット	Lynx rufus		❿	93
ホプロフォネウス	Hoplophoneus	118	❾	13, **14**, 16, 17, **111**
ホプロリカス	Hoplolichas		❷	37
ホプロリコイデス	Hoplolichoides		❷	**36**, 37
ホホジロザメ	Carcharodon carcharias		❽	44, 45, 137
			❿	**19**, 20, 21, 22, 23, 24
ホマロドテリウム	Homalodotherium	132	❿	41
ホモ・エレクトゥス	Homo erectus		❿	**158**, 159
ホモ・ネアンデルターレンシス	Homo neanderthalensis		❿	159
ホモ・ハビリス	Homo habilis		❿	158
ホモテリウム	Homotherium	119	❾	19, **21**, 22
ホラアナグマ	Ursus spelaeus	122	❿	129, **130**, **131**, **132**, 138, 139
ホラアナハイエナ	Crocuta crocuta spelaea	120	❿	**128**, 129
ホラアナライオン	Panthera spelaea	120	❿	**123**, **124**, **125**, **126**, **127**, 128, 129
ポリコティルス	Polycotylus	47	❽	57, **58**
ポリプチコセラス	Polyptychoceras	143	❼	88
ポリプテルス	Polypterus		❸	75
ボロファグス	Borophagus	121	❾	32, **33**, 37, 41
			❿	156
ホロプテリギウス	Holopterygius	30	❹	**69**, 70
マーチンソニア	Martinsonia		❶	**114**, 115, 116
マイアケトゥス	Maiacetus	126	❾	158, **159**, 160, 161
マイルカ	Delphinus delphis		❾	168
マウソニア	Mawsonia		❸	25, **26**, 27
マカイロドゥス	Machairodus	119	❿	19, **20**, 21
マカジキ	Tetrapturus audax		❽	39, 40
マクロクリヌス	Macrocrinus		❹	14, **15**

カナ名	学名	ページ	章	ページ
マクロデルマ	Macroderma gigas	115	❿	75, **76**
マクロポモイデス	Macropomoides		❼	73
マダイ	Pagrus major		❾	85
マチカネワニ			→トヨタマフィメイアの項を参照	
マッコウクジラ	Physeter macrocephalus		❼	103
			❾	168
			❿	22, 23
松ぼっくり(琥珀)			❾	134
マテルピスキス	Materpiscis	22	❸	**52**, 53
マメンキサウルス	Mamenchisaurus	86	❻	60, 61, **62**, **63**, 64, 86, 90
マルミミゾウ	Loxodonta cyclotis		❾	53
マレーガビアル	Tomistoma schlegelii		❿	84, 85
マレーグマ	Helarctos malayanus		❾	40
マレッラ	Marrella	167	❶	**44**, 46, 47, **53**, 54, 55, 67
			❸	12, 13, 14
ミアキス	Miacis	117	❾	10, 11, 31, 45, **56**
ミオスコレックス	Myoscolex		❶	100, **101**
ミグアシャイア	Miguashaia	30	❸	**68**, 69, 70
ミクソプテルス	Mixopterus	163	❷	**80**, **81**, **82**, **83**, 84, 87, 88, 90, 93
ミクロディクティオン	Microdictyon	147	❶	**84**, 171
ミクロブラキウス	Microbrachius	21		
ミクロラプトル	Microraptor	76	❼	15, **16**, **17**, **18**, 19
ミナミケバナウォンバット	Lasiorhinus latifrons		❿	142
ミマゴニアタイテス	Mimagoniatites		❸	85
ミメタスター	Mimetaster	167	❸	**12**, 13, 14
ミロクンミンギア	Myllokunmingia	14, 15	❶	**90**, 91
			❸	38
ムクロスピリファー	Mucrospirifer		❸	78
ムササビ	Petaurista leucogenys		❾	103
メガケファロサウルス	Megacephalosaurus	47, 48	❽	**55**, 56
メカジキ	Xiphias gladius		❽	39, 40
メガセロプス	Megacerops	133	❾	146, **148**
メガテリウム	Megatherium	114	❿	132, 133, **134**, **135**, 136, 137, 138
メガネウラ	Meganeura	170	❹	**70**, 71
メガネグマ	Tremarctos ornatus		❾	40
メガマスタックス	Megamastax	33		
メガランコサウルス	Megalancosaurus	94	❺	**79**, 80, 81
メガログラプトゥス	Megalograptus	159	❷	**52**, 53, 81, 88, 93
メガロケロス	Megaloceros	130	❿	**118**, **119**, **122**, 123
メガロサウルス	Megalosaurus		❻	117
メガロドン(サメ)	Carcharodon megalodon	26	❽	18, **19**, **20**, 21, **22**, **23**, **24**, 156
メガロドン(二枚貝)	Megalodon		❿	19, **20**
メガンテレオン	Megantereon	119, 120	❾	19, **23**, 24
メコチルス	Mecochirus		❻	156
メジストテリウム	Megistotherium	117, 120, 124	❾	**140**
メソサウルス	Mesosaurus	39	❹	82, 93, **94**, **95**, 96
メソヒップス	Mesohippus	134	❾	46, **47**, 49, **52**, 111
メソプゾシア	Mesopuzosia		❼	81
メソリムルス	Mesolimulus		❻	154, **155**
メタイルルス	Metailurus	118	❾	18, 19, 24
メタスプリッギナ	Metaspriggina	15		
メタバクトリテス	Metabactrites		❸	84
メトポリカス	Metopolichas		❷	32, **33**, 54
メトリオリンクス	Metriorhynchus	60, 61	❻	**52**, 53, 54, 115
メヌイテス	Menuites		❼	81
メバチ	Thunnus obesus		❺	23
メリキップス	Merychippus	134	❾	46, **48**, 49, 50, **52**
メリジオナリスマンモス	Mammuthus meridionalis	111	❿	102, **103**, 106
モエリテリウム	Moeritherium	108	❾	**55**, **58**, 59
モササウルス	Mosasaurus	52	❼	**148**, 149
			❽	41, 49, 59, **64**, 65, 70, **71**
モスコプス	Moschops	97	❹	**121**

197

モルガヌコドン	Morganucodon	101	❺	137
モロプス	Moropus	136	❿	**37**, 39
ヤクツトゥス	Yacutus		❶	128
ヤツメウナギ	Lethentheron kassleri	16	❸	44
ヤベイノサウルス	Yabeinosaurus	50	❼	29, **30**, 31
ヤベオオツノジカ	Sinomegaceros yabei	130	❿	116, **117**, 122
ヤマアリの一種			❾	132
ヤマトケトゥス	Yamatocetus	127	❾	172, **173**
ヤリイカ	Loligo bleekeri		❼	103
ユーサルカナ	Eusarcana			→カルキノソーマの項を参照
ユーステノプテロン	Eusthenopteron	32	❸	**112**, **113**, 114, 115, 116, 119, 123, 128
ユープロープス	Euproops	158	❹	44, **45**
ユーボストリコセラス	Eubostrychoceras	143	❼	84, 85, **90**, **91**, 92
ユーポロステウス	Euporosteus		❸	67, 68
ユーリプテルス	Eurypterus	160, 163	❷	**87**, **88**, 91, 93
			❸	**79**, 80
			❹	44
ユタカリス	Utahcaris		❶	107
ユティランヌス	Yutyrannus	78, 80	❺	21, **23**
			❽	117, 126, **128**, **129**
ユングイサウルス	Yunguisaurus	46	❺	45, **46**, **50**, **51**
ユンナノズーン	Yunnanozoon	178	❶	88
ヨルギア	Yorgia		❶	32, 33, 38
ヨンギナ	Youngina	41	❻	118
ライオン	Panthera leo	120	❽	117
			❾	13, 16, 17, 19, 20, 28, 138, 140
ライララパックス	Lyrarapax	154		
ラコレピス	Rhacolepis		❻	**10**, **11**
ラザルスクス	Lazarusuchus	42	❾	76, **78**
ラジャサウルス	Rajasaurus	77	❽	146, **147**, 148
ラツェリア	Latzelia	169	❹	49
ラッガニア	Laggania	153	❶	58, 60, **61**, 62, **131**, 132, **137**
ラディオリテス	Radiolites	140	❼	108
ラティメリア	Latimeria		❸	**66**, 67, 68, 69
			❹	25, 131
			❽	25, 27
ラフィネスクイナ	Rafinesquina		❹	**45**, 46, 47
ラブドデルマ	Rhabdoderma		❹	**51**, 52
ララワヴィス	Llallawavis		❿	12, **13**, 14, 156
ランフォリンクス	Rhamphorhynchus	63	❻	70, 148, 149, **150**, 151
リードシクティス	Leedsichthys	28	❻	112, **113**, **114**, 115
リーブクサガメ	Chinemys reevesi		❾	62
リオプレウロドン	Liopleurodon	47	❻	44, **45**, 115
			❼	142, 143
リカエノプス	Lycaenops	99	❹	**112**, **113**, 114, 115, 119, 120, **137**
リカオン	Lycaon pictus		❹	29
リストロサウルス	Lystrosaurus	98	❹	82, 137, **138**
			❺	14, **15**, 18, 103
リトコアラ	Litokoala	104	❿	70, **74**
リトロナクス	Lythronax	79	❽	**124**, **125**, 126, **128**, **129**
リニア	Rhynia	172	❸	**30**, 31
リニエラ	Rhyniella		❸	34
リニオグナサ	Rhyniognatha		❸	34, **35**
リノバトス・ホワイトフィエルディ	Rhinobatos whitfieldi		❼	65, **67**
リノバトス・マロニタ	Rhinobatos maronita		❼	65, **67**
リバノプリスティス	Libanopristis		❼	76
リバビペス	Rivavipes		❾	83, 84
リムサウルス	Limusaurus	71	❻	63, **64**, 65
リムノフレガタ	Limnofregata		❾	106
リャノケトゥス	Llanocetus	127	❾	**168**, 169
リュウエラ	Ryuella		❼	87
竜骨群集			❼	113, 115

リリオクリヌス	*Lyriocrinus*		❷	107, **108**
リンコダーセティス	*Rhynchodercetis*		❼	75
リンコレピス	*Rhyncholepis*	17	❷	127, **128**
			❸	39
			❺	48
羅平から産出する脊椎動物化石				
ルナタスピス	*Lunataspis*	158	❷	**98**, 99
レアンコイリア	*Leanchoilia*	151	❶	48, **85**, 86, 87, 108, 109, **137**, **139**, 177
レッセムサウルス	*Lessemsaurus*	84	❺	126, **130**, **131**
レティスクス	*Lethiscus*	38	❹	30, **31**
レドリキア	*Redlichia*		❶	**127**
レノキスティス	*Rhenocystis*	12	❸	**17**
レピドカリス	*Lepidocaris*	168	❸	**37**
レピドデンドロン	*Lepidodendron*	173	❹	49, **57**, **58**, 59
レプティクティディウム	*Leptictidium*	114	❾	117, **118**
レプトキオン	*Leptocyon*	121	❾	**31**, 32
レヘノプテルス	*Rhenopterus*		❸	21, **79**
レペノマムス	*Repenomamus*	102	❼	24, **25**, **26**, 27
レペノマムス・ギガンティクス	*R. giganticus*		❼	24, **25**
レペノマムス・ロブストゥス	*R. robustus*		❼	24, **26**
レモプレウリデス	*Remopleurides*		❷	**24**, **25**
ロボバクトリテス	*Lobobactrites*		❸	**84**
ロマレオサウルス	*Rhomaleosaurus*	47	❻	29, **30**, **31**
ロンギスクアマ	*Longisquama*	41	❺	**72**, **73**, 74, 78
ロンボプテリギア	*Rhombopterygia*		❼	**76**
ワーゲノコンカ	*Waagenoconcha*	138	❹	**132**, **133**
ワイマヌ	*Waimanu*	82	❾	86, **87**, **88**, 89, 90, 92, 96, 98
ワタリアホウドリ	*Diomedea exulans*		❼	**140**
ワプティア	*Waptia*	151	❶	47, 71, **73**
ワリセロプス	*Walliserops*	157	❸	**90**, **91**, 92, 93

199

学名一覧

Aaveqaspis	アーヴェカスピス	*Apateopholis*	アパテオフォリス
Acanthodes	アカントデス	*Apatosaurus*	アパトサウルス
Acanthopyge	アカンソピゲ	*Aphanepygus*	アファネピグス
Acanthostega	アカントステガ	*Aphanobelodon*	アファノベロドン
Acinonyx jubatus	チーター	*Apographiocrinus*	アポグラフィオクリヌス
Acrophoca	アクロフォカ	*Aptenodytes forsteri*	コウテイペンギン
Acropyge	アクロピゲ	*Aptenoperissus*	アプテノペリスス
Acutiramus	アクチラムス	*Arambourgiania*	アランボウギアニア
Adelophthalmus	アデロフサルムス	*Arandaspis*	アランダスピス
Aegirocassis	エーギロカシス	*Archaea*	アルカエア
Aetiocetus	エティオケトゥス	*Archaefructus*	アルカエフルクトゥス
Aetosauroides	アエトサウロイデス	*Archaeonycteris*	アルカエオニクテリス
Aetosaurus	アエトサウルス	*Archaeopteris*	アルカエオプテリス
Afradapis	アフラダピス	*Archaeopteryx*	アルカエオプテリクス
Agoniatites	アゴニアタイテス	*A. bavarica*	アルカエオプテリクス・ババリカ
Ainoceras	アイノセラス	*A. lithographica*	アルカエオプテリクス・リソグラフィカ
Akantharges	アカンタルゲス	*Archaeotherium*	アルカエオテリウム
Akmonistion	アクモニスティオン	*Archelon*	アーケロン
Alalcomenaeus	アラルコメナエウス	*Archicebus*	アーキセプス
Albalophosaurus	アルバロフォサウルス	*Architeuthis*	アーキテウティス（ダイオウイカ）
Albertella	アルバーテラ	*Arctinurus*	アークティヌルス
Albertonectes	アルバートネクテス	*Arctodus*	アルクトドゥス
Albertosaurus	アルバートサウルス	*Ardipithecus*	アルディピテクス
Alces alces	ヘラジカ	*Argentinosaurus*	アルゼンチノサウルス
Allenypterus	アレニプテルス	*Arizonasaurus*	アリゾナサウルス
Alligator	アリゲーター	*Arsinoitherium*	アルシノイテリウム
Alligator mississippiensis	アメリカアリゲーター	*Arthropleura*	アースロプレウラ
Allodesmus	アロデスムス	*Asaphus*	アサフス
Allolichas	アロリカス	*Ashoroa*	アショロア
Allosaurus	アロサウルス	*Asteroxylon*	アステロキシロン
Amargasaurus	アマルガサウルス	*Astrapotherium*	アストラポテリウム
Amblyrhynchus cristatus	ウミイグアナ	*Atopodentatus*	アトポデンタトゥス
Ambulocetus	アンブロケトゥス	*Atractosteus*	アトラクトステウス
Ambystoma	ウーパールーパー	*Australopithecus*	アウストラロピテクス
Amia calva	アミア・カルヴァ	*Axelrodichthys*	アクセルロディクチス
Ammonicrinus	アンモニクリヌス	*Aysheaia*	アイシェアイア
Ampelomeryx	アンペロメリックス	*Baculites*	バキュリテス
Amphicyon	アンフィキオン	*Balaenoptera musculus*	シロナガスクジラ
Amplectobelua	アムプレクトベルア	*Balaenoptera physalus*	ナガスクジラ
Ampyx	アンピクス	*Balcoracania*	バルコラカニア
Anagaudryceras	アナゴードリセラス	*Bandringa*	バンドリンガ
Anancus	アナンクス	*Barbourofelis*	バルボロフェリス
Anax parthenope	ギンヤンマ	*Barycrinus*	バリクリヌス
Anchiornis	アンキオルニス	*Basilosaurus*	バシロサウルス
Andreolepis	アンドレオレピス	*Beckwithia*	ベックウィチア
Andrewsarchus	アンドリュウサルクス	*Beelzebufo*	ベルゼブフォ
Anetoceras	アネトセラス	*Behemotops*	ベヘモトプス
Anguillavus	アングイラヴス	*Beipiaosaurus*	ベイピアオサウルス
Anhanguera	アンハングエラ	*Belantsea*	ベラントセア
Ankylosaurus	アンキロサウルス	*Bernissartia*	ベルニサルティア
Anomalocaris	アノマロカリス	*Bison bison*	アメリカバイソン
A. briggsi	アノマロカリス・ブリッグシ	*Boa constrictor*	ボア
A. canadensis	アノマロカリス・カナデンシス	*Boedaspis*	ボエダスピス
A. nathorsti	アノマロカリス・ナトルスティ	*Borophagus*	ボロファグス
A. saron	アノマロカリス・サロン	*Bothriolepis*	ボスリオレピス
Antarctopelta	アンタークトペルタ	*B. canadensis*	ボスリオレピス・カナデンシス
Anthracomedusa	アンスラコメデューサ	*B. gigantea*	ボスリオレピス・ギガンテア
Antilocapra americana	プロングホーン（エダツノレイヨウ）	*B. maxima*	ボスリオレピス・マキシマ
Anurognathus	アヌログナトゥス	*B. rex*	ボスリオレピス・レックス
Apankura	アパンクラ	*B. zadonica*	ボスリオレピス・ザドニカ

Brachauchenius	ブラカウケニウス	*Citipati*	キティパティ
Brachiosaurus	ブラキオサウルス	*Cladocyclus*	クラドキュクルス
Brachipposideros	ブラキッポシデロス	*Cladoselache*	クラドセラケ
Bradgatia	ブラッドガティア	*Clidastes*	クリダステス
Bradypus variegatus	ノドチャミユビナマケモノ	*Climatius*	クリマティウス
Bredocaris	ブレドカリス	*Cloudina*	クロウディナ
Bristolia	ブリストリア	*Coccodus*	コッコダス
Brontosaurus	ブロントサウルス	*Coelacanthus*	コエラカンタス
Brontoscorpio	ブロントスコルピオ	*Coelophysis*	コエロフィシス
Bucorvus	ジサイチョウ	*Coelurosauravus*	コエルロサウラヴス
Bunostegos	ブノステゴス	*Cololabis saira*	サンマ
Caiuajara	カイウアジャラ	*Colymbosathon*	コリンボサトン
Calamites	カラミテス	*Compsognathus*	コンプソグナトゥス
Camarasaurus	カマラサウルス	*Concavicaris*	コンカヴィカリス
Cambropachycope	カンブロパキコーペ	*Coniophis*	コニオフィス
Cambropodus	カンブロポダス	*Conodont*	コノドント
Cameroceras	カメロケラス	*Conraua goliath*	ゴライアスガエル
Camptostroma	カンプトストローマ	*Convexicaris*	コンヴェキシカリス
Campylognathoides	カンピログナトイデス	*Cooksonia*	クークソニア
Canadaspis	カナダスピス	*Copepteryx*	コペプテリクス
Canis dirus	カニス・ダイルス	*Coronacollina*	コロナコリナ
Canis familiaris	カニス・ファミリアリス	*Corvus macrorhynchos*	ハシブトガラス
Canis latrans	コヨーテ	*Cotylorhynchus*	コティロリンクス
Canis lupus dingo	ディンゴ	*Crassigyrinus*	クラッシギリヌス
Canis mesomelas	セグロジャッカル	*Cretalamuna*	クレタラムナ
Canthumeryx	カンスメリックス	*Cretodus*	クレトダス
Carcharodon carcharias	ホホジロザメ	*Cretoxyrhina*	クレトキシリナ
Carcharodon megalodon	メガロドン（サメ）	*Crocodylus porosus*	イリエワニ
Carcharodontosaurus	カルカロドントサウルス	*Crocuta crocuta spelaea*	ホラアナハイエナ
Carcinosoma	カルキノソーマ	*Crossopholis*	クロッソフォリス
Caretta caretta	アカウミガメ	*Ctenochasma*	クテノカスマ
Caridosuctor	カリドスクトール	*Ctenothrissa*	クテノスリッサ
Cartorhynchus	カートリンカス	*Cucumericrus*	ククメリクルス
Caryocrinites	カリオクリニテス	*Cupulocrinus*	クプロクリヌス
Castor	ビーバー	*Cyamodus*	キアモダス
Castorocauda	カストロカウダ	*Cyclobatis*	キクロバティス
Caudipteryx	カウディプテリクス	*Cyclomedusa*	キクロメデューサ
Cephalaspis	ケファラスピス	*Cyclopes didactylus*	ヒメアリクイ
Cephalophus leucogaster	シロハラダイカー	*Cyclurus*	キクルス
Ceratonurus	ケラトヌルス	*Cyrtobactrites*	キィルトバクトリテス
Ceratophrys cornuta	アマゾンツノガエル	*Cyrtometopus*	キルトメトプス
Ceratophrys cranwelli	クランウェルツノガエル	*Dactylioceras*	ダクチリオセラス
Ceratophrys ornata	ベルツノガエル	*Dakosaurus*	ダコサウルス
Ceratotherium simum	シロサイ	*Dalmanites*	ダルマニテス
Cervus nippon	ニホンジカ	*Dapedium*	ダペディウム
Chalicotherium	カリコテリウム	*Darwinius*	ダーウィニウス
Champsosaurus	チャンプソサウルス	*Darwinopterus*	ダーウィノプテルス
Chaohusaurus	チャオフサウルス	*Deinocheirus*	デイノケイルス
Charnia	カルニア	*Deinonychus*	デイノニクス
Charniodiscus	カルニオディスクス	*Deinosuchus*	デイノスクス
Chebbites	ケッビテス	*Deinotherium*	デイノテリウム
Cheiridium	ケイリディウム	*Delphinornis*	デルフィノルニス
Cheirolepis	ケイロレピス	*Delphinus delphis*	マイルカ
Cheiropyge	ケイロピゲ	*Dendrolagus lumholtzi*	カオグロキノボリカンガルー
Chinemys reevesi	リーブクサガメ	*Dermochelys coriacea*	オサガメ
Chironex fleckri	オーストラリアウンバチクラゲ	*Desmatosuchus*	デスマトスクス
Choeropsis liberiensis	コビトカバ	*Desmostylus*	デスモスチルス
Choia	チョイア	*Diabolepis*	ディアボレピス
Chotecops	チョテコプス	*Diadectes*	ディアデクテス
Cincinnetina	シンシネティナ	*Diania*	ディアニア

Dibasterium	ディバステリウム	*Eoraptor*	エオラプトル
Diceras	ダイセラス	*Eospermatopteris*	エオスパーマトプテリス
Dickinsonia	ディッキンソニア	*Equisetum*	トクサ
Dicranopeltis	ディクラノペルティス	*Equus*	エクウス
Dicranurus	ディクラヌルス	*Equus caballus*	ウマ
Dicroidium	ディクロイディウム	*Equus quagga*	サバンナシマウマ
Didymoceras	ディディモセラス	*Eramoscorpius*	エラモスコーピウス
Diictodon	ディイクトドン	*Erbenoceras*	エルベノセラス
Dilong	ディロング	*Erbenochile*	エルベノチレ
Dimetrodon	ディメトロドン	*Eretiscus*	エレティスクス
D. *giganhomogenes*	ディメトロドン・ギガンホモゲネス	*Eritherium*	エリテリウム
D. *grandis*	ディメトロドン・グランディス	*Errivaspis*	エリヴァスピス
D. *limbatus*	ディメトロドン・リムバトゥス	*Eryops*	エリオプス
Dinictis	ディニクチス	*Escaropora*	エスカロポラ
Diomedea exulans	ワタリアホウドリ	*Esconichthys*	エスコニクティス
Diplacanthus	ディプラカンサス	*Escumasia*	エスクマシア
Diplocaulus	ディプロカウルス	*Essexella*	エッセクセラ
Diplodocus	ディプロドクス	*Estemmenosuchus*	エステメノスクス
Diplomoceras	ディプロモセラス	*Etacystis*	エタシスティス
Dipnorhynchus	ディプノリンクス	*Etoblattina*	エトブラッティナ
Diprotodon	ディプロトドン	*Euanthus*	エウアンサス
Dipterus	ディプテルス	*Eubalaena japonica*	セミクジラ
Discosauriscus	ディスコサウリスクス	*Eubiodectes*	エウビオデクテス
Dolerolenus	ドレロレヌス	*Eubostrychoceras*	ユーボストリコセラス
Dolichophonus	ドリコフォヌス	*Eudimorphodon*	エウディモルフォドン
Doliodus	ドリオダス	*Eudyptes*	イワトビペンギン
Dormaalocyon	ドルマーロキオン	*Eudyptula*	コガタペンギン
Dorudon	ドルドン	*Eunectes murinus*	オオアナコンダ
Doryaspis	ドリアスピス	*Eunotosaurus*	エウノトサウルス
Dorycrinus	ドリクリヌス	*Euporosteus*	ユーポロステウス
Dorygnathus	ドリグナトゥス	*Euproops*	ユープロープス
Dosidicus	ドシディクス	*Eurohippus*	エウロヒップス
Draco	トビトカゲ	*Europasaurus*	エウロパサウルス
Dracorex	ドラコレックス	*Eurypterus*	ユーリプテルス
Drepanaspis	ドレパナスピス	*Eusarcana*	ユーサルカナ
Drepanosaurus	ドレパノサウルス	*Eusthenopteron*	ユーステノプテロン
Dunkleosteus	ダンクレオステウス	*Eutretauranosuchus*	エウトレタウラノスクス
Ecnomocaris	エクノモカリス	*Exaeretodon*	エクサエレトドン
Edaphosaurus	エダフォサウルス	*Exocoetoides*	エクソコエトイデス
Edmontonia	エドモントニア	*Falcatus*	ファルカトゥス
Edmontosaurus	エドモントサウルス	*Fasolasuchus*	ファソラスクス
Effigia	エフィギア	*Felis silvestris catus*	フェリス・カトゥス
Ekaltadeta	エカルタデタ	*Flexicarimene*	フレキシカリメネ
Elaphe climacophora	アオダイショウ	*Fortiforceps*	フォルティフォルケプス
Elasmosaurus	エラスモサウルス	*Fortipecten takahashii*	タカハシホタテ
Eldredgeops	エルドレジオプス	*Frenguellisaurus*	フレングエリサウルス
Elephas maximus	アカギツネ	*Fruitafossor*	フルイタフォッソル
Elephas maximus	アジアゾウ	*Fucianhuia*	フクシアンフイア
Elrathia	エルラシア	*Fukuiraptor*	フクイラプトル
Embolotherium	エムボロテリウム	*Fukuisaurus*	フクイサウルス
Emucaris	エミューカリス	*Fukuititan*	フクイティタン
Enaliarctos	エナリアルクトス	*Furca*	フルカ
Enchodus	エンコダス	*Fuscocardium*	ブラウンスイシカゲガイ
Engraulis japonica	カタクチイワシ	*Futabasaurus*	フタバサウルス（フタバスズキリュウ）
Enoploura	エノプローラ	*Gabriellus*	ガブリエルス
Entelognathus	エンテログナトゥス	*Galeocerdo cuvier*	イタチザメ
Eodromaeus	エオドロマエウス	*Galesaurus*	ガレサウルス
Eoharpes	エオハルペス	*Gallimimus*	ガリミムス
Eomaia	エオマイア	*Gastornis*	ガストルニス
Eopelobates	エオペロバテス	*Gastrotheca guentheri*	ガストロセカ・グエンセリ

Gavialis gangeticus	インドガビアル	*Huayangosaurus*	フアヤンゴサウルス
Gemuendina	ゲムエンディナ	*Hughmilleria*	フグミレリア
Geniculograptus	ジェニキュログラブトゥス	*Hurdia*	フルディア
Geochelone elephantopus	ガラパゴスゾウガメ	*Hyaenodon*	ヒアエノドン
Geosaurus	ゲオサウルス	*Hydrochoerus hydrochaeris*	カピバラ
Geralinura	ゲラリヌラ	*Hyla japonica*	ニホンアマガエル
Gerarus	ゲラルス	*Hylaeochampsa*	ハイラエオチャンプサ
Gerobatrachus	ゲロバトラクス	*Hylonomus*	ヒロノムス
Gerrothorax	ゲロトラックス	*Hypodicranotus*	ヒポディクラノトゥス
Giganotosaurus	ギガノトサウルス	*Hypoturrilites*	ハイポツリリテス
Gilbertsocrinus	ギルバーツオクリヌス	*Hypsiprymnodon bartholomaii*	ヒプシプリムノドン・バルソロマイイ
Gillicus	ギリクス	*Hyuronector*	ヒプロネクター
Giraffa camelopardalis	キリン	*Hyracodon*	ヒラコドン
Giraffa sivalensis	ジラファ・シヴァレンシス	*Hyracotherium*	ヒラコテリウム
Giraffatitan	ギラッファティタン	*Icadyptes*	イカディプテス
Glaucomys volans	アメリカモモンガ	*Icaronycteris*	イカロニクテリス
Globidens	グロビデンス	*Icarosaurus*	イカロサウルス
Glossopteris	グロッソプテリス	*Ichthyocrinus*	イクチオクリヌス
Glyptodon	グリプトドン	*Ichthyodectes*	イクチオデクテス
Gomphotaria	ゴンフォタリア	*Ichthyostega*	イクチオステガ
Gomphotherium	ゴンフォテリウム	*Iguanodon*	イグアノドン
Gondwanascorpio	ゴンドワナスコルピオ	*Ikrandraco*	イクランドラコ
Goniopholis	ゴニオフォリス	*Illingoceros*	イリンゴケロス
Gorilla	ゴリラ	*Incisoscutum*	インシソスクテム
Goticaris	ゴティカリス	*Indohyus*	インドヒウス
Griphognathus	グリフォグナサス	*Indricotherium*	インドリコテリウム
Grypania	グリパニア	*Inkayacu*	インカヤク
Guanlong	グアンロン	*Inostrancevia*	イノストランケビア
Haboroteuthis	ハボロテウティス	*Ischigualastia*	イスチグアラスティア
Haenamichnus	ハエナミクヌス	*Isorophus*	イソロフス
Haikouichthys	ハイコウイクティス	*Isotelus*	イソテルス
Halkieria	ハルキエリア	*Isoxys*	イソキシス
Hallucigenia fortis	ハルキゲニア・フォルティス	*Isurus oxyrinchus*	アオザメ
Hallucigenia sparsa	ハルキゲニア・スパルサ	*Janjucetus*	ジャンジュケトゥス
Harpagofututor	ハーパゴフトゥトア	*Josephoartigasia*	ジョセフォアルティガシア
Harpoceras	ハーポセラス	*Juramaia*	ジュラマイア
Hatzegopteryx	ハツェゴプテリクス	*Juravenator*	ジュラヴェナトル
Hayenchelys	ハイエンケリス	*Kaganaias*	カガナイアス
Helarctos malayanus	マレーグマ	*Kairuku*	カイルク
Helianthaster	ヘリアンサスター	*Kathwaia*	カスワイア
Helicoprion	ヘリコプリオン	*Katsuwonus pelamis*	カツオ
Hemicyon	ヘミキオン	*Keichousaurus*	ケイチョウサウルス
Henodus	ヘノダス	*Kerygmachela*	ケリグマケラ
Herpetogaster	ハーペトガスター	*Keuppia hyperbolaris*	ケウッピア・ハイパーボラリス
Herrerasaurus	ヘルレラサウルス	*Keuppia levante*	ケウッピア・レヴァンテ
Hesperocyon	ヘスペロキオン	*Kimberella*	キンベレラ
Hesperornis	ヘスペロルニス	*Kingaspis*	キンガスピス
Hexameryx	ヘキサメリックス	*Knightia*	ナイティア
Hipparion	ヒッパリオン	*Kokenia*	コケニア
Hippopotamus amphibius	カバ	*Kokomopterus*	ココモプテルス
Hokkaidornis	ホッカイドルニス	*Koneprusia*	コネプルシア
Holopterygius	ホロプテリギウス	*Koolasuchus*	クーラスクス
Homalodotherium	ホマロドテリウム	*Kronosaurus*	クロノサウルス
Homo erectus	ホモ・エレクトゥス	*Kuamaia*	クアマイア
Homo habilis	ホモ・ハビリス	*Kuehneosaurus*	クエネオサウルス
Homo neanderthalensis	ホモ・ネアンデルターレンシス	*Kuehneosuchus*	クエネオスクス
Homotherium	ホモテリウム	*Kutchicetus*	クッチケトゥス
Hoplolichas	ホプロリカス	*Kuwajimalla*	クワジマーラ
Hoplolichoides	ホプロリコイデス	*Laggania*	ラッガニア
Hoplophoneus	ホプロフォネウス	*Lamna ditropis*	ニタリ

Lamna ditropis	ネズミザメ	*Megamastax*	メガマスタックス
Lasiorhinus latifrons	ミナミケバナウォンバット	*Meganeura*	メガネウラ
Latimeria	ラティメリア	*Megantereon*	メガンテレオン
Latzelia	ラツェリア	*Megaptera novaeangliae*	ザトウクジラ
Lazarusuchus	ラザルスクス	*Megatherium*	メガテリウム
Leanchoilia	レアンコイリア	*Megistotherium*	メジストテリウム
Leedsichthys	リードシクティス	*Menuites*	メヌイテス
Lepidocaris	レピドカリス	*Merychippus*	メリキップス
Lepidodendron	レピドデンドロン	*Mesohippus*	メソヒップス
Lepisosteus oculatus	スポテッド・ガー	*Mesolimulus*	メソリムルス
Leptictidium	レプティクティディウム	*Mesopuzosia*	メソプゾシア
Leptocyon	レプトキオン	*Mesosaurus*	メソサウルス
Lessemsaurus	レッセムサウルス	*Metabactrites*	メタバクトリテス
Lethenteron kassleri	ヤツメウナギ	*Metailurus*	メタイルルス
Lethiscus	レティスクス	*Metaspriggina*	メタスプリッギナ
Libanopristis	リバノプリスティス	*Metopolichas*	メトポリカス
Limnofregata	リムノフレガタ	*Metriorhynchus*	メトリオリンクス
Limusaurus	リムサウルス	*Miacis*	ミアキス
Liopleurodon	リオプレウロドン	*Microbrachius*	ミクロブラキウス
Litokoala	リトコアラ	*Microdictyon*	ミクロディクティオン
Llallawavis	ララワヴィス	*Microraptor*	ミクロラプトル
Llanocetus	リャノケトゥス	*Miguashaia*	ミグアシャイア
Lobobactrites	ロボバクトリテス	*Mimagoniatites*	ミマゴニアタイテス
Loligo bleekeri	ヤリイカ	*Mimetaster*	ミメタスター
Longisquama	ロンギスクアマ	*Mixopterus*	ミクソプテルス
Loxodonta africana	アフリカゾウ	*Mizuhopecten*	トウキョウホタテ
Loxodonta cyclotis	マルミミゾウ	*Mizuhopecten yessoensis*	ホタテガイ
Lunataspis	ルナタスピス	*Moeritherium*	モエリテリウム
Lycaenops	リカエノプス	*Morganucodon*	モルガヌコドン
Lycaon pictus	リカオン	*Moropus*	モロプス
Lycopodium	ヒカゲノカズラ	*Mosasaurus*	モササウルス
Lynx rufus	ボブキャット	*Moschops*	モスコプス
Lyrarapax	ライララパックス	*Mucrospirifer*	ムクロスピリファー
Lyriocrinus	リリオクリヌス	*Mus musculus*	ハツカネズミ
Lystrosaurus	リストロサウルス	*Mustela itatsi*	イタチ
Lythronax	リトロナクス	*Mustela putorius*	フェレット（ヨーロッパケナガイタチ）
Machairodus	マカイロドゥス	*Myllokunmingia*	ミロクンミンギア
Macrocrinus	マクロクリヌス	*Myoscolex*	ミオスコレックス
Macroderma gigas	マクロデルマ	*Nahecaris*	ナヘカリス
Macropomoides	マクロポモイデス	*Najash*	ナジャシュ
Macropus rufus	アカカンガルー	*Namurotypus*	ナムロティプス
Maiacetus	マイアケトゥス	*Nanaimoteuthis*	ナナイモテウティス
Mamenchisaurus	マメンキサウルス	*Naraoia*	ナラオイア
Mammut americanum	アメリカマストドン	*Nautilus pompilus*	オウムガイ
Mammuthus columbi	コロンビアマンモス	*Nectocaris*	ネクトカリス
Mammuthus meridionalis	メリジオナリスマンモス	*Nematonotus*	ネマトノトゥス
Mammuthus primigenius	ケナガマンモス	*Nemiana*	ネミアナ
Mammuthus trogontherii	トロゴンテリーマンモス	*Neoceratodus*	ネオケラトダス（オーストラリアハイギョ）
Marrella	マレッラ	*Neohelos*	ネオヘロス
Martinsonia	マーチンソニア	*Neohibolites*	ネオヒボリテス
Materpiscis	マテルピスキス	*Nereocaris*	ネレオカリス
Mawsonia	マウソニア	*Nettapezoura*	ネッタペゾウラ
Mecochirus	メコチルス	*Neuropteris*	ニューロプテリス
Megacephalosaurus	メガケファロサウルス	*Nigersaurus*	ニジェールサウルス
Megacerops	メガケロプス	*Nimbacinus*	ニンバキヌス
Megalancosaurus	メガランコサウルス	*Nipponites*	ニッポニテス
Megaloceros	メガロケロス	*Norwoodia*	ノーウーディア
Megalodon	メガロドン（二枚貝）	*Nothosaurus*	ノトサウルス
Megalograptus	メガログラプトゥス	*Notogoneus*	ノトゴネウス
Megalosaurus	メガロサウルス	*Nyctereutes procyonoides*	タヌキ

Nyctosaurus	ニクトサウルス	*Paraspirifer*	パラスピリファー
Octomedusa	オクトメデューサ	*Parvancorina*	パルヴァンコリナ
Odontochelys	オドントケリス	*Passaloteuthis*	パッサロテウティス
Odontogriphus	オドントグリフス	*Pavo cristatus*	クジャク
Offacolus	オッファコルス	*Peachella*	ピアチュラ
Ogygopsis	オギゴプシス	*Pederpes*	ペデルペス
Okapia johnstoni	オカピ	*Pelobates fuscus*	ニンニクガエル
Onychonycteris	オニコニクテリス	*Pelodiscus sinensis*	スッポン
Onychopterella	オニコプテレラ	*Peloneustes*	ペロネウステス
Ooedegera	オーエディゲラ	*Pentecopterus*	ペンテコプテルス
Opabinia	オパビニア	*Perudyptes*	ペルディプテス
Ophthalmosaurus	オフタルモサウルス	*Petaurista leucogenys*	ムササビ
Orcinus orca	シャチ	*Peytoia*	ペイトイア
Ornithomimus	オルニトミムス	*Phacochoerus aethiopicus*	イボイノシシ
Orrorin	オロリン	*Phacops*	ファコプス
Orthacanthus	オルサカントス	*Phalangiotarbus*	ファランギオタープス
Orthrozanclus	オルソロザンクルス	*Phascolarctos cinereus*	コアラ
Orycteropus afer	ツチブタ	*Phascolonus*	ファスコロヌス
Osteodontornis	オステオドントルニス	*Phiomia*	フィオミア
Otavia	オタヴィア	*Phlebolepis*	フレボレピス
Ottoia	オットイア	*Phoca vitulina*	ゼニガタアザラシ
Ovibos moschatus	ジャコウウシ	*Phoebastria albatrus*	アホウドリ
Oviraptor	オヴィラプトル	*Phorusrhacos*	フォルスラコス
Owenetta	オーウエネッタ	*Phosphatherium*	フォスファテリウム
Pachycephalosaurus	パキケファロサウルス	*Phosphorosaurus*	フォスフォロサウルス
Pachydyptes	パキディプテス	*Phragmolites*	ファラゴモリテス
Pachyrhachis	パキラキス	*Physeter macrocephalus*	マッコウクジラ
Pagrus major	マダイ	*Pikaia*	ピカイア
Pakicetus	パキケトゥス	*Pipistrellus abramus*	アブラコウモリ
Palaeeudyptes	パラエエウディプテス	*Pisanosaurus*	ピサノサウルス
Palaeocharinus	パレオカリヌス	*Placenticeras*	プラセンチセラス
Palaeof igites	パレオフィジテス	*Placodus*	プラコダス
Palaeoisopus	パレオイソプス	*Platecarpus*	プラテカルプス
Palaeoloxodon naumanni	ナウマンゾウ	*Platybelodon*	プラティベロドン
Palaeopython	パラエオピトン	*Platypterygius*	プラティプテリギウス
Palaeoscorpinus	パレオスコルピヌス	*Platystrophia*	プラティストロフィア
Palaeosolaster	パレオソラスター	*Platysuchus*	プラティスクス
Palatodonta	パラトドンタ	*Plesiosaurus*	プレシオサウルス
Palelops	パレロプス	*Pliohippus*	プリオヒップス
Paleoparadoxia	パレオパラドキシア	*Pliosaurus*	プリオサウルス
Pambdelurion	パンブデルリオン	*Plotopterum*	プロトプテルム
Pan	チンパンジー	*Polycotylus*	ポリコティルス
Panderichthys	パンデリクチス	*Polypterus*	ポリプテルス
Panochthus	パノクトゥス	*Polyptychoceras*	ポリプチコセラス
Panphagia	パンファギア	*Pravitoceras*	プラビトセラス
Panthera atrox	アメリカライオン	*Preondactylus*	プレオンダクティルス
Panthera leo	ライオン	*Primaevifilum*	プリマエヴィフィルム
Panthera onca	ジャガー	*Priscacara*	プリスカカラ
Panthera pardus	ヒョウ	*Priscileo*	プリスシレオ
Panthera spelaea	ホラアナライオン	*Pristis*	ノコギリエイ
Panthera tigris	トラ	*Probelesodon*	プロベレソドン
Paracelites	パラセリテス	*Procoptodon*	プロコプトドン
Paraceratherium	パラケラテリウム	*Prodremotherium*	プロドレモテリウム
Paraceraurus	パラケラウルス	*Proetus*	プロエタス
Paradoxides	パラドキシデス	*Progalesaurus*	プロガレサウルス
Paralichthys olivaceus	ヒラメ	*Proganochelys*	プロガノケリス
Paranephrolenellus	パラネフロレネルス	*Prognathodon*	プログナソドン
Parapeytoia	パラペイトイア	*Prolibytherium*	プロリビテリウム
Paraphillipsia	パラフィリプシア	*Promissum*	プロミッスム
Parasaurolophus	パラサウロロフス	*Propalaeotherium*	プロパラエオテリウム

205

Prorotodactylus	プロロトダクティルス	Santanachelys	サンタナケリス
Prosalirus	プロサリルス	Sarcosuchus	サルコスクス
Prosaurodon	プロサウロドン	Saurichthys	サウリクチス
Protacarus	プロタカルス	Sauripterus	サウリプテルス
Protancyloceras	プロタンキロセラス	Saurocephalus	サウロケファルス
Protarchaeopteryx	プロトアーケオプテリクス	Saurodon	サウロドン
Protoceratops	プロトケラトプス	Saurosuchus	サウロスクス
Protosuchus	プロトスクス	Scalarites	スカラリテス
Pseudohesperosuchus	シュードヘスペロスクス	Scelidosaurus	スケリドサウルス
Pseudorca crassidens	オキゴンドウ	Schinderhannes	シンダーハンネス
Psittacosaurus	プシッタコサウルス	Sciponoceras	スキポノセラス
Psudophillipsia	シュードフィリプシア	Sciurumimus	スキウルミムス
Pteranodon	プテラノドン	Scutellosaurus	スクテロサウルス
Pteridinium	プテリディニウム	Scutosaurus	スクトサウルス
Pterodactylus	プテロダクティルス	Seirocrinus	セイロクリヌス
Pterygotus	プテリゴトゥス	Sepia esculenta	コウイカ
Ptomacanthus	プトマカントゥス	Seymouria	セイムリア
Puijila	ペウユラ	Sharovipteryx	シャロビプテリクス
Puma concolor	ピューマ	Shastasaurus	シャスタサウルス
Pumiliornis	プミリオルニス	Shergoldana	シャルゴルダーナ
Pycnocrinus	ピクノクリヌス	Shonisaurus	ショニサウルス
Pygoscelis adeliae	アデリーペンギン	Siats	シアッツ
Python reticulatus	アミメニシキヘビ	Sichuanobelus	シチュアノベルス
Qiyia	キイア	Siderops	シデロプス
Quadrops	クアドロプス	Sidneyia	シドネイア
Quetzalcoatlus	ケツァルコアトルス	Sigillaria	シギラリア
Radiolites	ラディオリテス	Simoedosaurus	シモエドサウルス
Rafinesquina	ラフィネスクイナ	Sinomegaceros yabei	ヤベオオツノジカ
Rajasaurus	ラジャサウルス	Sinornithosaurus	シノルニトサウルス
Rana catesbeiana	ウシガエル	Sinosauropteryx	シノサウロプテリクス
Rana nigromaculata	トノサマガエル	Sinosauosphargis	シノサウロスファルギス
Redlichia	レドリキア	Sinraptor	シンラプトル
Remopleurides	レモプレウリデス	Siphusauctum	シフソーサクタム
Repenomamus	レペノマムス	Sisteronia	システロニナ
R. giganticus	レペノマムス・ギガンティクス	Sivatherium	シバテリウム
R. robustus	レペノマムス・ロブストゥス	Skeemella	スケーメラ
Rhabdoderma	ラブドデルマ	Slimonia	スリモニア
Rhacolepis	ラコレピス	Smilodon	スミロドン
Rhamphorhynchus	ランフォリンクス	Soomaspis	スーマスピス
Rhenocystis	レノキスティス	Sphaerocoryphe	スファエロコリフェ
Rhenopterus	レヘノプテルス	Spheniscus	スフェニスクス
Rhincodon typus	ジンベイザメ	Spinosaurus	スピノサウルス
Rhinobatos maronita	リノバトス・マロニタ	Squalicorax	スクアリコラックス
Rhinobatos whitfieldi	リノバトス・ホワイテフィエルディ	Stagonolepis	スタゴノレピス
Rhomaleosaurus	ロマレオサウルス	Stanleycaris	スタンレイカリス
Rhombopterygia	ロンボプテリギア	Stegoceras	ステゴケラス
Rhynchodercetis	リンコダーセティス	Stegosaurus	ステゴサウルス
Rhyncholepis	リンコレピス	Stegotetrabelodon	ステゴテトラベロドン
Rhynia	リニア	Steneosaurus	ステネオサウルス
Rhyniella	リニエラ	Stenodictya	ステノディクティア
Rhyniognatha	リニオグナサ	Stenopterygius	ステノプテリギウス
Rivavipes	リバビペス	Streptaster	ストレプタステル
Rychops	ハサミアジサシ	Struthio camelus	ダチョウ
Ryuella	リュウエラ	Stygimoloch	スティギモロク
Sacabambaspis	サカバンバスピス	Styletoctopus	スティレトオクトプス
Saccocoma	サッコマ	Stylonurus	スティロヌルス
Sahelanthropus	サヘラントロプス	Succinilacerta	スッキニラケルタ
Saichania	サイカニア	Supersaurus	スーパーサウルス
Samotherium	サモテリウム	Symphysops	シンフィソプス
Sanajeh	サナジェ	Syndyoceras	シンディオケラス

Synthetoceras	シンテトケラス	*Utatsusaurus*	ウタツサウルス
Taeniopygia	キンカチョウ	*Vachonisia*	ヴァコニシア
Talenticeras	タレンティセラス	*Vanderhoofius*	ヴァンダーフーフィウス
Tambatitanis	タンバティタニス	*Vasticardium burchardi*	ザルガイ
Tamisiocaris	タミシオカリス	*Velociraptor*	ヴェロキラプトル
Tanystropheus	タニストロフェウス	*Venaticosuchus*	ヴェナチコスクス
Tapejara	タペジャラ	*Ventastega*	ヴェンタステガ
Taphozous	タフォゾウス	*Venustulus*	ヴェヌストゥルス
Tarbosaurus	タルボサウルス	*Vetulicola*	ヴェトゥリコラ
Terataspis	テラタスピス	*Vicarya*	ビカリア
Terebralia palustris	キバウミニナ	*Vieraella*	ヴィエラエッラ
Tetrapodophis	テトラポドフィス	*Volaticotherium*	ヴォラティコテリウム
Tetrapturus audax	マカジキ	*Vombatus ursinus*	ヒメウォンバット
Thalassodromeus	タラッソドロメウス	*Vulpavus*	ブルパブス
Thalattoarchon	タラットアルコン	*Waagenoconcha*	ワーゲノコンカ
Therizinosaurus	テリジノサウルス	*Waimanu*	ワイマヌ
Thoatherium	トアテリウム	*Walliserops*	ワリセロプス
Thunnus albacares	キハダ	*Waptia*	ワプティア
Thunnus obesus	メバチ	*Weinbergina*	ウェインベルギナ
Thunnus orientalis	クロマグロ	*Wetlugasaurus*	ウェツルガサウルス
Thylacinus	ティラキヌス	*Wiwaxia*	ウィワクシア
Thylacoleo	ティラコレオ	*Xandarella*	クサンダレラ
Thylacosmilus	ティラコスミルス	*Xenacanthus*	クセナカントス
Tiktaalik	ティクターリク	*Xenosmilus*	ゼノスミルス
Timulengia	ティムレンギア	*Xiphactinus*	シファクティヌス
Titanoboa	ティタノボア	*Xiphias gladius*	メカジキ
Titanosarcolites	ティタノサルコリテス	*Xylokorys*	キシロコリス
Tolypelepis	トリペレピス	*Yabeinosaurus*	ヤベイノサウルス
Tomistoma schlegelii	マレーガビアル	*Yacutus*	ヤクゥトゥス
Torvosaurus	トルボサウルス	*Yamatocetus*	ヤマトケトゥス
T. *gurneyi*	トルボサウルス・グルネイ	*Yi*	イー
T. *tanneri*	トルボサウルス・タンネリ	*Yorgia*	ヨルギア
Toxodon	トクソドン	*Youngina*	ヨンギナ
Toyotamaphimeia	トヨタマフィメイア	*Yunguisaurus*	ユングイサウルス
Tremarctos ornatus	メガネグマ	*Yunnanozoon*	ユンナノズーン
Tremataspis	トレマタスピス	*Yutyrannus*	ユティランヌス
Treptoceras	トレプトケラス	*Zacanthoides*	ザカントイデス
Triadobatrachus	トリアドバトラクス	*Zootoca vivipara*	コモチカナヘビ
Triarthrus	トリアルトゥルス		
Tribrachidium	トリブラキディウム		
Triceratops	トリケラトプス		
Triceromeryx	トリケロメリックス		
Tricrepicephalus	トリクレピケファルス		
Trinacromerum	トリナクロメルム		
Troodon	トロオドン		
Tullimonstrum	ツリモンストラム		
Tuojiangosaurus	トゥオジャンゴサウルス		
Tupandactylus	ツパンダクティルス		
Tupinambis teguixin	テグートカゲ		
Tupuxuara	トゥプクスアラ		
Turrilites	ツリリテス		
Tuzoia	トゥゾイア		
Tylosaurus	ティロサウルス		
Tyrannosaurus	ティランノサウルス		
Uintacrinus	ウインタクリヌス		
Uintatherium	ウインタテリウム		
Ursus arctos	ヒグマ		
Ursus maritimus	ホッキョクグマ		
Ursus spelaeus	ホラアナグマ		
Utahcaris	ユタカリス		

古生物たちに会える博物館

「生物ミステリーPROシリーズ」では、国内外の多くの博物館にご協力をいただいた。そのなかから国内の各博物館を、筆者の目線で紹介したい。なお、すべての情報は各博物館のチェックを受けているものの、あくまでも本書刊行時点のものであることに注意されたい。

群馬県立自然史博物館
群馬県富岡市上黒岩1674-1
Tel：0274-60-1200
http://www.gmnh.pref.gunma.jp/

シリーズを通じて監修を担当していただいた博物館である。地元である群馬の自然に関わる展示のほかに、生命誕生から人類の台頭まで、通史的な展示が充実している。

見どころは、角竜類トリケラトプスの産状復元と、竜脚類ギラッファティタンの全身復元骨格。

トリケラトプスの産状復元は、発掘現場を半地下空間に再現したもの。上面がガラス張りになっており、そのガラスの上を歩きながら現場の雰囲気を堪能することができる。「割れはしまい」と思っていても、ガラスの下はそれなりの高さがあるので、はじめての人は「ちょっと怖い」と思ってしまうかも。ただ、「怖さ」を味わうのは博物館では得難い経験ともいえる。ぜひ、家族や友達、恋人と一緒に盛り上がっていただきたい。

ギラッファティタンは、展示ホールの天井すれすれまで頭をもち上げており、その迫力は「圧巻」の一言に尽きる。

この博物館は、1年に3回の企画展を開催する。企画展のテーマは、古生物から現生生物までさまざまだ。ホームページで開催中の企画展をチェックできるので、ぜひ事前にチェックをして、興味のあるテーマは見逃さずに訪ねてほしい。

当博物館からは、上記のギラッファティタン（第6巻）をはじめ、ディメトロドン（第4巻）、ホプロフォネウス（第9巻）など、たくさんの標本の写真がシリーズに登場している。ぜひ、シリーズを片手に古生物たちを探していただきたい。

足寄動物化石博物館
北海道足寄郡足寄町郊南1丁目29番25
Tel：0156-25-9100
http://www.museum.ashoro.hokkaido.jp/

束柱類の全身復元骨格といえば、足寄動物化石博物館だ。第10巻で紹介したアショロア、ベヘモトプス、パレオパラドキシア、デスモスチルスなどの全身復元骨格が来館者の目線に近い高さで展示されている。デスモスチルスに関しては、3人の研究者による3つの全身復元骨格が並んでいるというなんとも"贅沢な"展示だ。ほかにも、第9巻に収録したホッカイドルニスの全身復元骨格も必見。もちろん、実物化石も多い。個人であれば、予約なしで展示解説、レプリカ・模型づくり、ミニ発掘などを体験できるので、あわせて楽しみたいところだ。

Photo：群馬県立自然史博物館

Photo：足寄動物化石博物館

三笠市立博物館
北海道三笠市幾春別錦町1丁目212-1
Tel : 01267-6-7545
http://www.city.mikasa.hokkaido.jp/museum/

　北海道産のアンモナイトならば、「アンモナイトの博物館」ともよばれている三笠市立博物館へ。第7巻の表紙を飾るニッポニテスをはじめ、同巻収録のアンモナイトが多数展示されている。専門的な解説もこの博物館の特徴で、しっかりとアンモナイトについて学ぶことができる。白亜紀最恐のサメ類であるクレトキシリナに匹敵するというクレトダスの歯もお見逃しなく。

Photo：三笠市立博物館

北海道博物館
北海道札幌市厚別区厚別町小野幌53-2
Tel : 011-898-0466
http://www.hm.pref.hokkaido.lg.jp/

　北海道の自然や歴史に関する展示が充実している博物館。見どころは、入口ホールのケナガマンモスとナウマンゾウの全身復元骨格。向かい合うように配置されたその展示は、第10巻で紹介した2種の「共存」の可能性を意識したもの。足元には北海道を中心とした北東アジアの衛星画像があり、壁のモニターには動画が流れ、北海道の地理的な特徴を丁寧に解説している。第10巻の表紙画像は同館所蔵標本。ぜひ、同じ角度を探して、その迫力を生で感じていただきたい。

Photo：北海道博物館

いわき市石炭・化石館
福島県いわき市常磐湯本町向田3-1
Tel : 0246-42-3155
http://www.sekitankasekikan.or.jp/

　クビナガリュウ類の標本を見たいなら、いわき市石炭・化石館を訪れるといいだろう。クビナガリュウ類には、「首の長いクビナガリュウ類」「首の短いクビナガリュウ類」「首がやや長くて頭が魚竜類のようなクビナガリュウ類」の3タイプがあるが、いずれもこの博物館で全身復元骨格を見ることができる。第7巻で紹介したフタバサウルス、第6巻のプリオサウルス、第9巻のトリナクロメルムがそれだ。ほかにもマメンキサウルスなどの恐竜類や、タペジャラなどの翼竜類の化石もある。

Photo：いわき市石炭・化石館

ミュージアムパーク茨城県自然博物館
茨城県坂東市大崎700
Tel : 0297-38-2000
https://www.nat.museum.ibk.ed.jp/

　第9巻に掲載したダイアウルフの全身復元骨格を所蔵する博物館。ただし、本書執筆時点では、ダイアウ

ルフは常設展示はされていなかった。そのかわりというわけではないが、スミロドンの実物の全身骨格化石を展示しているという点は特徴的だ。ほかにも、パレイアサウルスの実物全身化石なども見逃さずに押さえたい。ともに（諸般の事情で）シリーズには未収録となった惜しい標本である。

Photo：オフィス ジオパレオント

佐野市葛生化石館
栃木県佐野市葛生東1-11-15
Tel：0283-86-3332
http://www.city.sano.lg.jp/kuzuufossil/

ペルム紀に焦点を当てた展示を楽しみたくなったら、佐野市葛生化石館へ。第4巻で紹介したゴルゴノプス類イノストランケヴィアの全身復元骨格を見ることができる貴重な博物館である。ほかにも、スクトサウルスの幼体の全身復元骨格や、メソサウルスの実物化石などが展示されている。佐野市葛生は石灰岩の産地として知られているため、さまざまな石灰岩が展示されているというのも面白い。また、市内で産出したニッポンサイに絡めて、サイをテーマとした展示室もある。

Photo：佐野市葛生化石館

神流町恐竜センター
群馬県多野郡神流町大字神ヶ原51-2
Tel：0274-58-2829
http://www.dino-nakasato.org/

第7巻に収録したタルボサウルスやサイカニアの全身復元骨格、「格闘化石」、テリジノサウルスのつめなど、モンゴルの恐竜化石展示が非常に充実している博物館である。展示スペースに余裕があり、各標本をほぼ全周から観察・堪能できるということがポイント。じっくりと時間をかけて、モンゴルの恐竜たちに思いを馳せることができる。

Photo：神流町恐竜センター

埼玉県立自然の博物館
埼玉県秩父郡長瀞町1417-1
Tel：0494-66-0404
http://www.shizen.spec.ed.jp/

新第三紀の巨大ザメ「メガロドン」の展示といえば、埼玉県立自然の博物館である。「メガロドン」の歯化石を展示する博物館は国内各地にあるが、この博物館では県内から産出した「世界で最もそろった歯群」を展示しているという点がポイント。入館したら天井を見上げることを忘れずに。天井から吊られているメガロドンの生態復元は、「圧巻」の一言に尽きる。

Photo：埼玉県立自然の博物館

千葉県立中央博物館
千葉県千葉市中央区青葉町955-2
Tel：043-265-3111
http://www2.chiba-muse.or.jp/?page_id=57

　千葉県の自然や歴史に関する展示が充実した博物館である。押さえておきたいのは、第10巻に収録したナウマンゾウの全身復元骨格だ。千葉県産、東京都産、神奈川県産の各種部分化石をもとに復元されたその全身骨格は、来館者が下から見上げられるように展示されている。迫力を堪能するとともに、当時、関東地方にもいたゾウ類に思いを馳せることができるだろう。

Photo：千葉県立中央博物館

国立科学博物館
東京都台東区上野公園7-20
Tel：03-5814-9819
http://www.kahaku.go.jp/

　言わずと知れた「かはく」である。古生物学分野に限定しても圧倒的な標本数を誇り、生命史に関する通史的で多様な展示が魅力的だ。本シリーズの表紙においては、第3巻のダンクレオステウス、第9巻のスミロドンは「かはく」の展示物である。ほかにも、圧巻のインドリコテリウム（パラケラテリウム）をはじめとした哺乳類の展示が充実しているほか、ほかの動物群においても全般的に楽しめる。地球館と日本館の2館構成で、そのどちらにも化石の展示がある。あらかじめしっかりと予定を組んで、じっくり、ゆっくり過ごしたい博物館である。

Photo：安友康博／オフィス ジオパレオント

福井県立恐竜博物館
福井県勝山市村岡町寺尾51-11 かつやま恐竜の森内
Tel：0779-88-0001
http://www.dinosaur.pref.fukui.jp/

　他の追随を許さないほど、恐竜の標本数が充実した博物館である。第7巻に収録したフクイラプトルほか、福井県産恐竜化石の全身復元骨格は、もちろんこの博物館の展示だ。また、「恐竜以外」の展示もかなり充実しているのを忘れてはいけない。たとえば、第10巻に収録したモロプスの全身復元骨格なども、この博物館の展示である。

Photo：福井県立恐竜博物館

豊橋市自然史博物館
愛知県豊橋市大岩町字大穴1-238
（豊橋総合動植物公園内）
Tel：0532-41-4747
http://www.toyohaku.gr.jp/sizensi/

　第4巻で紹介したメゾンクリークの標本群がたいへん充実している。同書で紹介しきれなかった標本も多い。ぜひ、実物をその目でご覧いただきたい。同じく同書に掲載されているエリオプスもこの博物館の展示

物だ。ほかにも、古生代から新生代までのすべての時代のコレクションが充実しており、最新の映像技術を導入した遊び心のある展示も見逃せない。

Photo：豊橋市自然史博物館

兵庫県立人と自然の博物館
兵庫県三田市弥生が丘6丁目
Tel：079-559-2001
http://www.hitohaku.jp/

　第7巻に収録した竜脚類タンバリュウの研究を進める博物館である。館内には県内の自然などを紹介するコーナーはもちろんのこと、「丹波の恐竜化石」と題された特設コーナーが用意されている。また、アメリカマストドンの全身復元骨格もぜひ、おさえておきたいところだ。隣接する「ひとはく恐竜ラボ」では、化石クリーニングのようすを見学できるほか、車で1時間弱の距離にある丹波竜化石工房「ちーたんの館」などもあわせて訪ねたい。

Photo：兵庫県立人と自然の博物館

徳島県立博物館
徳島県徳島市八万町向寺山（文化の森総合公園）
Tel：088-668-3636
http://www.museum.tokushima-ec.ed.jp/

　第10巻で紹介したメガテリウムの迫力ある全身復元骨格が見たくなったら、徳島県立博物館へ。ラプラタ記念ホールには、アルゼンチン産の哺乳類化石がたいへん充実している。とくにメガテリウムは、360度どの方角からも観察ができるという配置。頭の上にのしかかるような迫力の展示をお楽しみいただきたい。また、徳島県の自然と歴史を中心とした多様な展示も押さえておきたいところだ。

Photo：徳島県立博物館

北九州市立自然史・歴史博物館
福岡県北九州市八幡東区東田2-4-1
Tel：093-681-1011
http://www.kmnh.jp/

　大きなホールに、まるで行進をしているかのように恐竜を中心とした多数の全身復元骨格が配置されている。そんな北九州市立自然史・歴史博物館では、第7巻の表紙を飾るアンモナイトのプラヴィトセラスを、ぜひご覧いただきたい。壊れやすい標本の、珍しい"完全体"である。ほかにも、天井から吊られているケツァルコアトルスや、マウソニア・ラボカティの全身復元骨格もお見逃しなく。

Photo：北九州市立自然史・歴史博物館

もっと詳しく知りたい読者のための参考資料

本書は、基本的にシリーズ第1巻から第10巻を基本資料としている。そのほかに、とくに参考にした主要な文献は次の通り。webサイトに関しては、専門の研究機関もしくは研究者、それに類する組織・個人が運営しているものを参考とした。Webサイトの情報は、あくまでも執筆時点での参考情報であることに注意。

※本書に登場する年代値は、とくに断りのない限り、
International Commission on Stratigraphy,2012,INTERNATIONAL STRATIGRAPHIC CHARTを使用している

《一般書籍》

『新版 絶滅哺乳類図鑑』著:冨田幸光, 伊藤丙雄, 岡本泰子, 2011年刊行, 丸善出版株式会社

『小学館の図鑑NEO 岩石・鉱物・化石』指導・監修・執筆:萩谷宏, 堀秀道, 平野弘道, 監修・執筆:籔本美孝, 大花民子, 大路樹生, 甲能直樹, 監修:大石雅之, 門馬綱一, 2012年刊行, 小学館

『節足動物の多様性と系統』監修:岩槻邦男, 馬渡峻輔, 編集:石川良輔, 2008年刊行, 裳華房

『Experimental Approaches to Understanding Fossil Organism』編集:Daniel I. Hembree, Brian F. Platt, Jon J. Smith, 2014年刊行, Springer

『FISHES OF THE WORLD FIFTH EDITION』著:Joseph S. Nelson, Terry C. Grande, Mark V. H. Wilson, 2016年刊行, Wiley

『THE EVOLUTION OF ARTIODACTYLS』編集:Donald R. Prothero, Scott E. Foss, 2007年刊行, Johns Hopkins University Press

《特別展図録》

『恐竜博2016』2016年, 国立科学博物館

《WEBサイト・プレスリリース》

恐竜はどんな世界を見ていたのか?3億年前の絶滅魚類に錐体細胞の化石を発見〜地質時代の脊椎動物の色覚復元の可能性〜, 熊本大学, http://www.kumamoto-u.ac.jp/whatsnew/sizen/20141224

恐竜やアンモナイト等の絶滅は「小惑星衝突により発生したすすによる気候変動」が原因だった, 東北大学, http://www.tohoku.ac.jp/japanese/2016/07/press20160714-01.html

桑島化石壁, 石川県, http://www.pref.ishikawa.lg.jp/hakusan/publish/sizen/sizen30.html

ゲノム解読から明らかになったカメの進化-カメはトカゲに近い動物ではなく、ワニ・トリ・恐竜の親戚だった-, 理化学研究所, http://www.riken.jp/pr/press/2013/20130429_1/

パレオパラドキシア、アンブロケトゥス 肋骨の強さが絶滅した水生哺乳類の生態を解き明かす, 名古屋大学, http://www.nagoya-u.ac.jp/about-nu/public-relations/researchinfo/upload_images/20160711_num.pdf

北海道むかわ町穂別より新種の海生爬虫類化石発見 中生代海生爬虫類においては初めて夜行性の種であることを示唆, 穂別博物館ほか, http://pomu.town.mukawa.lg.jp/secure/4209/phosphorosaurus_ponpetelegans_press_release.pdf

Amber specimen offers rare glimpse of feathered dinosaur tail, University of BRISTOL, http://www.bris.ac.uk/news/2016/december/dinosaur-tail-amber-.html

Ancient reptile fossils claw for more attention, YaleNews, http://news.yale.edu/2016/09/29/ancient-reptile-fossils-claw-more-attention

Ancient wingless wasp, now extinct, is one of a kind, Oregon State UNIVERSITY, http://oregonstate.edu/ua/ncs/archives/2016/oct/ancient-wingless-wasp-now-extinct-one-kind

Diaphragm much older than expected, UNIVERSITÄT BONN, https://www.uni-bonn.de/news/273-2016

The Paleobiology Database, https://paleobiodb.org/

The Burgess Shale, http://burgess-shale.rom.on.ca/

《学術論文》

Adam C. Pritchard, Alan H. Turner, Randall B. Irmis, Sterling J. Nesbitt, Nathan D. Smith, 2016, Extreme Modification of the Tetrapod Forelimb in a Triassic Diapsid Reptile, Current Biology, vol.26, Issue 20, pp.2779-2786

Allison C. Daley, Jan Bergström, 2012, The oral cone of *Anomalocaris* is not a classic "peytoia", Naturwissenschaften, vol.99, p501-504

A. P. Rasnitsyn, George Poinar, Jr., Alex E. Brown, 2016, Bizzare wingless parasitic wasp from mid-Cretaceous Burmese amber (Hymenoptera, Ceraphronoidea, Aptenoperissidae fam. nov.), Cretaceous Research, doi: 10.1016/j.cretres.2016.09.003.

Brian Choo, Min Zhu, Wenjin Zhao, Liaotao Jia, You'an Zhu, 2014, The largest Silurian vertebrate and its palaeoecological implications, Scientific Reports, vol.4, Article number: 5242

Catalina Pimiento, Bruce J. MacFadden, Christopher F. Clements, Sara Varela, Carlos Jaramillo, Jorge Velez-Juarbe, Brian R. Silliman, 2016, Geographical distribution patterns of *Carcharocles megalodon* over time reveal clues about extinction mechanisms, Journal of Biogeography, DOI: 10.1111/jbi.12754

David A. Legg, Mark D. Sutton, Gregory D. Edgecombe, 2013, Arthropod fossil data increase congruence of morphological and molecular phylogenies, Nature Communications, vol.4, Article number: 2485

David M. Martill, Helmut Tischlinger, Nicholas R. Longrich, 2015, A four-legged snake from the Early Cretaceous of Gondwana, Science, vol.349, Issue 6246, pp.416-419

Gengo Tanaka, Andrew R. Parker, Yoshikazu Hasegawa, David J. Siveter, Ryoichi Yamamoto, Kiyoshi Miyashita, Yuichi Takahashi, Shosuke Ito, Kazumasa Wakamatsu, Takao Mukuda, Marie Matsuura, Ko Tomikawa, Masumi Furutani, Kayo Suzuki, Haruyoshi Maeda, 2014, Mineralized rods and cones suggest colour vision in a 300 Myr-old fossil fish, Nature Communications, vol.5, Article number: 5920

Jakob Vinther, Martin Stein, Nicholas R. Longrich, David A. T. Harper, 2014, A suspension-feeding anomalocarid from the Early Cambrian, nature, vol.507, p496-499

James C. Lamsdell, Derek E. G. Briggs, Huaibao P. Liu, Brian J. Witzke, Robert M. McKay, 2015, The oldest described eurypterid: a giant Middle Ordovician (Darriwilian) megalograptid from the Winneshiek Lagerstätte of Iowa, BMC Evolutionary Biology, vol.15, no.169, DOI 10.1186/s12862-015-0443-9

Janet Waddington, David M. Rudkin, Jason A. Dunlop, 2015, A new mid-Silurian aquatic scorpion—one step closer to land?, Biology letters 11,

Jason P. Downs, Edward B. Daeschler, Valentina E. Garcia, Neil H. Shubin, A new large-bodied species of Bothriolepis (Antiarchi) from the Upper Devonian of Ellesmere Island, Nunavut, Canada, Journal of Vertebrate Paleontology, DOI:10.1080/02724634.2016.1221833

J. Wyatt Durham, 1966, *Camptostroma*, an Early Cambrian Supposed Scyphozoan, Referable to Echinodermata, Journal of Paleontology, vol.40, no.5, p1216-1220

John A. Long, Elga Mark-Kurik, Zerina Johanson, Michael S. Y. Lee, Gavin C. Young, Zhu Min, Per E. Ahlberg, Michael Newman, Roger Jones, Jan den Blaauwen, Brian Choo, Kate Trinajstic, 2014, Copulation in antiarch placoderms and the origin of gnathostome internal fertilization, nature, doi:10.1038/nature13825

John Kappelman, Richard A. Ketcham, Stephen Pearce, Lawrence Todd, Wiley Akins, Matthew W. Colbert, Mulugeta Feseha, Jessica A. Maisano, Adrienne Witzel, 2016, Perimortem fractures in Lucy suggest mortality from fall out of tall tree, nature, vol.537, p503-507

K. D. Angielczyk, L. Schmitz, 2014, Nocturnality in synapsids predates the origin of mammals by over 100 million years. Proc. R. Soc. B 281: 20141642. http://dx.doi.org/10.1098/rspb.2014.1642

Konami Ando, Shin-ichi Fujiwara, 2016, Farewell to life on land – thoracic strength as a new indicator to determine paleoecology in secondary aquatic mammals, Journal of Anatomy, doi: 10.1111/joa.12518

Kunio Kaiho, Naga Oshima, Kouji Adachi, Yukimasa Adachi, Takuya Mizukami, Megumu Fujibayashi, Ryosuke Saito, 2016, Global climate change driven by soot at the K-Pg boundary as the cause of the mass extinction, Scientific Reports, vol.6, Article number: 28427

Li Chun, Olivier Rieppel, Cheng Long, Nicholas C. Fraser, 2016, The earliest herbivorous marine reptile and its remarkable jaw apparatus, Science Advances, vol.2, no.5, e1501659, DOI: 10.1126/sciadv.1501659

Lida Xing, Ryan C. McKellar, Xing Xu, Gang Li, Ming Bai, W. Scott Persons IV, Tetsuto Miyashita, Michael J. Benton, Jianping Zhang, Alexander P. Wolfe, Qiru Yi, Kuowei Tseng, Hao Ran, Philip J. Currie, 2016, A Feathered Dinosaur Tail with Primitive Plumage Trapped in Mid-Cretaceous Amber, Current Biology, vol.26, p1-9

Markus Lambertz, Christen D. Shelton, Frederik Spindler, Steven F. Perry, 2016, A caseian point for the evolution of a diaphragm homologue among the earliest synapsids, Ann. N.Y. Acad. Sci., vol.1385, p3–20

Martin D. Brasier, David B. Norman, Alexander G. Liu, Laura J. Cotton, Jamie E. H. Hiscocks, Russell J. Garwood, Jonathan B. Antcliffe, David Wacey, 2016, Remarkable preservation of brain tissues in an Early Cretaceous iguanodontian dinosaur, Geological Society, London, Special Publications, vol.448, http://doi.org/10.1144/SP448.3

Martin R. Smith, Jean-Bernard Caron, 2015, *Hallucigenia*'s head and the pharyngeal armature of early ecdysozoans, nature, vol.523, p75–78

Michael P. Donovan, Ari Iglesias, Peter Wilf, Conrad C. Labandeira, N. Rubén Cúneo, 2016, Rapid recovery of Patagonian plant–insect associations after the end-Cretaceous extinction, Nature Ecology & Evolution, vol.1, Article number: 0012

Peiyun Cong, Xiaoya Ma, Xianguang Hou, Gregory D. Edgecombe, Nicholas J. Strausfeld, 2014, Brain structure resolves the segmental affinity of anomalocaridid appendages, nature, vol.513, p538–542

Peter Van Roy, Allison C. Daley, Derek E. G. Briggs, 2015, Anomalocaridid trunk limb homology revealed by a giant filter-feeder with paired flaps, nature, vol.522, p77–80

R. Andrew Cameron, Kevin J. Peterson and Eric H. Davidson, 1998, Developmental Gene Regulation and the Evolution of Large Animal Body Plans, American Zoologist, vol.38, no.4, p.609-620

Ross P. Anderson, Victoria E. McCoy, Maria E. McNamara, Derek E. G. Briggs, 2014, What big eyes you have: the ecological role of giant pterygotid eurypterids, Biol. Lett., vol.10:20140412, http://dx.doi.org/10.1098/rsbl.2014.0412

Shi-Qi Wang, Tao Deng, Jie Ye, Wen He, Shan-Qin Chen, 2016, Morphological and ecological diversity of Amebelodontidae (Proboscidea, Mammalia) revealed by a Miocene fossil accumulation of an upper-tuskless proboscidean, Journal of Systematic Palaeontology, DOI: 10.1080/14772019.2016.1208687

Shuo Wang, Josef Stiegler, Romain Amiot, Xu Wang, Guo-hao Du, James M. Clark, Xing Xu, 2017, Extreme Ontogenetic Changes in a Ceratosaurian Theropod, Current Biology, vol.27, p1–5

Simon Conway Morris, Jean-Bernard Caron, 2014, A primitive fish from the Cambrian of North America, nature, vol.512, p419–422

Sophie Sanchez, Paul Tafforeau, Jennifer A. Clack, Per E. Ahlberg, 2016, Life history of the stem tetrapod *Acanthostega* revealed by synchrotron microtomography, nature, vol.537, p408–411

Stephen L. Brusattea, Alexander Averianov, Hans-Dieter Sues, Amy Muir, Ian B. Butler, 2016, New tyrannosaur from the mid-Cretaceous of Uzbekistan clarifies evolution of giant body sizes and advanced senses in tyrant dinosaurs, PNAS, www.pnas.org/cgi/doi/10.1073/pnas.1600140113

Steven M. Stanley, 2016, Estimates of the magnitudes of major marine mass extinctions in earth history, PNAS, doi/10.1073/pnas.1613094113

Takuya Konishi, Michael W. Caldwell, Tomohiro Nishimura, Kazuhiko Sakurai, Kyo Tanoue, 2015, A new halisaurine mosasaur (Squamata: Halisaurinae) from Japan: the first record in the western Pacific realm and the first documented insights into binocular vision in mosasaurs, Journal of Systematic Palaeontology, http://dx.doi.org/10.1080/14772019.2015.1113447

Tyler R. Lyson, Bruce S. Rubidge, Torsten M. Scheyer, Kevin de Queiroz, Emma R. Schachner, Roger M.H. Smith, Jennifer Botha-Brink, G.S. Bever, 2016, Fossorial Origin of the Turtle Shell, Current Biology, vol.26, p1887–1894

Victoria E. McCoy, Erin E. Saupe, James C. Lamsdell, Lidya G. Tarhan, Sean McMahon, Scott Lidgard, Paul Mayer, Christopher D. Whalen, Carmen Soriano, Lydia Finney, Stefan Vogt, Elizabeth G. Clark, Ross P. Anderson, Holger Petermann, Emma R. Locatelli, Derek E. G. Briggs, 2016, The 'Tully monster' is a vertebrate, nature, vol.532, p496-499

Xing Xu, Xiaoting Zheng, Corwin Sullivan, Xiaoli Wang, Lida Xing, Yan Wang, Xiaomei Zhang, Jingmai K. O'Connor, Fucheng Zhang, Yanhong Pan, 2015, A bizarre Jurassic maniraptoran theropod with preserved evidence of membranous wings, nature, vol.521, p70-73

Zhong-Jian Liu, Xin Wang, 2016, A perfect flower from the Jurassic of China, Historical Biology, vol.28, no.5, p707-719, DOI: 10.1080/08912963.2015.1020423

■ 著者略歴

土屋 健(つちや・けん)

オフィス ジオパレオント代表。 サイエンスライター。 埼玉県生まれ。 金沢大学大学院自然科学研究科で修士号を取得（専門は地質学、 古生物学）。 その後、 科学雑誌『Newton』の記者編集者を経て独立し、現職。 近著に『肉食の恐竜・古生物図鑑』 （誠文堂新光社）、『古生物たちのふしぎな世界』 （講談社）、『しんかのお話365日』 （技術評論社） など。

■ 監修団体紹介

群馬県立自然史博物館(ぐんまけんりつしぜんしはくぶつかん)

世界遺産 「富岡製糸場」 で知られる群馬県富岡市にあり、 地球と生命の歴史、 群馬県の豊かな自然を紹介している。 1996年開館の 「見て・触れて・発見できる」 博物館。 常設展示 「地球の時代」 には、 全長15mのカマラサウルスの実物骨格やブラキオサウルスの全身骨格、 ティラノサウルス実物大ロボット、 トリケラトプスの産状復元と全身骨格などの恐竜をはじめ、 三葉虫の進化系統樹やウミサソリ、 皮膚の印象が残ったヒゲクジラ類化石やヤベオオツノジカの全身骨格などが展示されている。 そのほかにも、 群馬県の豊かな自然を再現したいくつものジオラマ、 ダーウィン直筆の手紙、 アウストラロピテクスなど化石人類のジオラマなどが並んでいる。 企画展も年に3回開催。
http://www.gmnh.pref.gunma.jp/

編集 ■ ドゥ アンド ドゥ プランニング有限会社
装幀・本文デザイン ■ 横山明彦(WSB inc.)
古生物イラスト ■ えるしまさく　小堀文彦(AEDEAGUS)
作図 ■ 土屋 香

せいぶつミステリーPRO
生命史図譜
せいめいしずふ

発行日	2017年8月7日 初版 第1刷発行
著　者	土屋 健
発行者	片岡 巌
発行所	株式会社技術評論社
	東京都新宿区市谷左内町21-13
	電話　03-3513-6150 販売促進部
	03-3267-2270 書籍編集部
印刷／製本	大日本印刷株式会社

定価はカバーに表示してあります。
本書の一部または全部を著作権法の定める範囲を超え、 無断で複写、 複製、 転載あるいはファイルに落とすことを禁じます。

©2017 土屋 健
ドゥ アンド ドゥ プランニング有限会社

造本には細心の注意を払っておりますが、 万一、 乱丁 （ページの乱れ） や落丁 （ページの抜け） がございましたら、 小社販売促進部までお送りください。
送料小社負担にてお取り替えいたします。

ISBN978-4-7741-9075-4　C3045
Printed in Japan